高等院校心理学专业精品教材系列

Twenty Studies on
YOUNG CHILDREN'S
DEVELOPMENT

探究儿童心理的 20 个经典研究

何洁　叶艳　张琼 ／ 编著

ZHEJIANG UNIVERSITY PRESS
浙江大学出版社

图书在版编目（CIP）数据

探究儿童心理的 20 个经典研究 / 何洁，叶艳，张琼
编著. —杭州：浙江大学出版社，2019.12
　　ISBN 978-7-308-19910-0

　　Ⅰ.①探… Ⅱ.①何… ②叶… ③张… Ⅲ.①儿童心
理学 Ⅳ.①B844.1

　　中国版本图书馆 CIP 数据核字（2020）第 000967 号

探究儿童心理的 20 个经典研究

何　洁　叶　艳　张　琼　编著

责任编辑	王　波	
责任设计	黄梦瑶	
封面设计	春天书装	
出版发行	浙江大学出版社	
	（杭州市天目山路 148 号　邮政编码 310007）	
	（网址：http://www.zjupress.com）	
排　　版	杭州中大图文设计有限公司	
印　　刷	杭州高腾印务有限公司	
开　　本	787mm×1092mm　1/16	
印　　张	12.75	
字　　数	295 千	
版 印 次	2019 年 12 月第 1 版　2019 年 12 月第 1 次印刷	
书　　号	ISBN 978-7-308-19910-0	
定　　价	39.00 元	

FOREWORD
前 言 ————— >>> >

　　发展心理学是研究个体心理发生发展规律的基础科学。作为心理学和教育学专业学生的必修课,它兼具基础性和应用性。设置发展心理学不仅是为了给学生普及基本的学科知识,更重要的是要引导学生通过实证研究探索个体心理发展的规律。儿童发展心理学是发展心理学的一个分支,它关注的是个体心理在儿童时期发生、发展的规律。在教学中,我们发现,如果要了解儿童的发展,首先应该走近儿童。只有走近他们,去观察和研究他们,才能真正了解他们的心理活动和行为的特点。关于儿童发展心理学经典研究的教材非常多,但是引导学生进行实证研究的教材却几乎没有。已出版的教材大多只对经典研究做了简要介绍,学生很难据此了解这些研究的来龙去脉,更无法进一步理解和拓展这些研究。因此,为了让学生能更好地了解和理解儿童发展心理学领域的经典研究,本书在编写时特别注意了以下两个方面:第一,系统地介绍每个研究的缘起和理论背景,以帮助学生更好地理解这些研究;第二,为了培养和提高学生的科学素养,用自然科学报告的形式介绍每个研究,即从心理学理论出发,提出研究问题,接着介绍具体研究的实验和操作,再介绍数据收集和分析,最后以思考题的方式引导学生讨论研究问题,系统指导学生完成 20 个儿童心理学实验研究。

▆ 组织架构

　　本书分为 5 章,涵盖了儿童心理学的一系列重要主题:注意与记忆、思维与言语、自我与社会认知、情绪与个性、道德与同伴关系。每章开篇为导引,主要梳理与该主题相关的前沿理论和重要发现,并从发展的角度提出研究问题;每章均包含多个经典研究,每个研究致力于探讨一个具体的研究问题。每个研究详尽介绍了相关实验,具体包含了实验背景、对象和材料、研究设计和程序、结果分析和讨论等,在附录中还提供了实验过程中需要的素材和记录表,以方便学生利用这些素材开展实验。另外,在每一章导引和每个研究之后都附上了主要参考文献,以方便学生查阅。

本书的第 1 章主题为注意与记忆。导引部分介绍了经典记忆模型以及注意和记忆的关联。本章主要包含数字记忆广度、空间记忆广度、形象记忆、错误记忆和执行功能等实验研究。第 2 章主题为思维与言语。导引部分阐述了思维与言语的关联以及语言的发展。本章主要包含皮亚杰的经典守恒实验、词汇理解和词汇学习等实验研究。第 3 章主题为自我与社会认知。导引部分介绍了自我概念、儿童对他人的认识以及社会认知。本章主要包含自我概念、性别角色意识、心理理论、观点采择和延迟满足等实验研究。第 4 章主题为情绪与个性。导引部分介绍了儿童基本情绪、自我意识情绪的发展以及情绪与气质的关系。本章主要包含基本情绪理解、羞愧情绪理解和气质等实验研究。第 5 章主题为道德与同伴关系。导引部分介绍了儿童的社交能力和同伴关系的发展、与儿童道德规范习得相关的分配行为和利他行为。本章主要包含社交能力、同伴关系、助人行为、分配行为和道德判断等实验研究。

视频材料

为了让广大读者对这些实验研究有更形象的理解，我们邀请了不同年龄的儿童参加实验，并为部分研究制作了学习视频。在这些视频材料中，主讲老师详细介绍了研究的理论背景以及对研究过程和数据结果的分析。值得一提的是，本教材配套的慕课"走近儿童的心理世界"已经在中国慕课大学上线，读者也可以通过后文的二维码和链接访问和学习包括这些研究的视频。视频材料为那些没有条件做实验的老师和学生提供了便捷的学习机会，上线后获得了广泛的好评。

致谢和分工

我们首先要感谢浙江大学心理与行为科学系的支持，在本书写作的过程中，诸多师生贡献了自己的观点和见解。本书的缘起是徐琴美教授和张琼教授主编的《发展心理学实验手册》，两位老师是发展心理学领域的专家，具备丰富的研究和教学经验。正是在两位老师工作的基础上，本书才得以开始。

我们还要感谢参与本书编写工作的三位研究生：蔡嘉静、陆辰馨、廖一帆。他们三位完成了大部分初稿，在后续的修改和审稿中，他们亦投入了大量精力。本书的写作主要由何洁、叶艳、张琼、蔡嘉静、陆辰馨、廖一帆完成。何洁和张琼负责本书的架构、内容提纲以及内容修改；叶艳负责每章导引和内容修改，以及研究 4（执行功能）、研究 5（守恒）的初稿；蔡嘉静编写了研究 1（记忆广度）、研究 6（词汇理解）、研究 9（性别角色意识）、研究 10（心理理论）和研究 11（观点采择）的初稿；陆辰馨编写了研究 2（形象记忆）、研究 13(基本情绪理解)、研究 15(气质)、研究 16(社交能力)和研究 17(同伴关系)的初稿;廖一帆编写了研究 3(错误记忆)、研究 7(词汇学习)、研究 8(自我概念)、研究 12(延迟满足)、研究 14(羞愧情绪理解)、研究 18(助人行为)、研究 19(分配行为)和研究 20(道德判断)的初稿。

编写组

2019 年 12 月

更多内容讲解,请观看浙江大学 MOOC:走近儿童的心理世界

https://www.icourse163.org/course/ZJU-1206458841

CONTENTS

目 录 >>> >

第1章　注意与记忆

注意和记忆是人类最基本、最重要的认知能力，是语言、思维等高级认知能力的基础。日常生活中，我们不难发现学习成绩好的学生，其注意力和记忆力都不错。我们是如何学习的呢？信息加工理论认为，大脑是一个复杂的符号加工系统，类似于电脑的CPU，外部信息要经过注意系统的选择与记忆系统的编码和存储才能进入内部操作。如图1-1所示为大脑的信息加工系统模型，外界信息首先通过感觉登记，然后接受注意系统的层层选择和过滤，只有少数信息才有机会进入我们的短时记忆，其中部分信息经过编码存入长时记忆。这个信息加工过程涉及注意、记忆等关键环节。此外，这个过程与中央执行或执行功能密切相关。执行功能是一种涉及注意的、较为复杂的认知功能，指个体对思想和行为进行有意识的监督和控制的心理过程。执行功能好比乐团的指

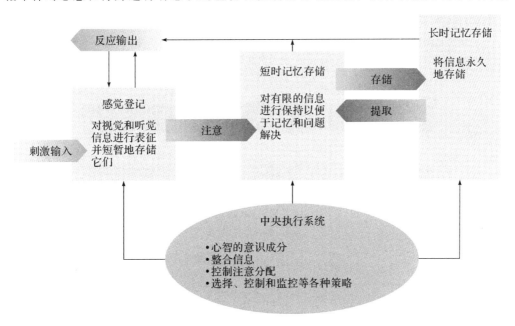

图 1-1　信息加工系统模型(采自 Berk,2013)

挥,对各种认知过程进行协调,其本质是对其他认知过程进行控制和调节;执行的根本目的是产生协调有序、具有目的性的行为。执行功能的发展对个体的学业、工作与生活都具有至关重要的作用。

记忆模型

Atkinson 和 Shiffrin(1971)的多重存储器模型认为记忆包括感觉存储器、短时记忆存储器和长时记忆存储器。这一模型强调的是信息的存储。信息能否进入长时记忆成为永久记忆,取决于短时记忆存储信息时间的长短。根据该模型,如果人们的短时记忆受到损坏,那么不仅长时记忆会出问题,其他诸如理解和推理等复杂认知功能也会有障碍。但与模型预测的不同,事实上患有短时记忆功能障碍的人,仍然能够进行长时间的学习,日常认知活动也没有问题。

于是,Baddeley(2003)在一系列的实证研究的支持下,提出了工作记忆模型。工作记忆是一个工作平台,新旧信息在此不断经历转换。如图 1-2 所示,工作记忆包含中央执行系统、视觉空间模板、语音环路和情景缓冲器。语音环路负责词语形式的言语信息编码和储存,其功能相当于词语短时记忆。视觉空间模板负责维持和操作视觉空间方面的信息,其功能相当于视觉空间短时记忆。中央执行系统的功能一直有争议,它是一个"注意激活控制系统",能够集中和转换注意,能够处理长时记忆中的信息。情景缓冲器是一个容量有限的暂时存储系统,整合来自其他子系统的各种信息,待中央执行系统将这些不同来源的信息再次整合为完整连贯的情境,所以它是中央执行系统的缓冲区域。

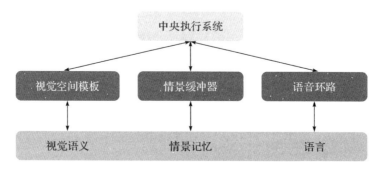

图 1-2　工作记忆模型(采自 Baddeley,2003)

记忆广度

我们时常需要短暂地记忆一些信息,例如记住一个电话号码,记住几个人名,我们不难发现自己一次能记忆的信息是有限的。早在 1956 年,George Miller 就对人的短时记忆容量进行了探索,他发表了一篇著名的文章《神奇的数字7》。他发现不管记忆的内容是什么,人短时间能记下的项目数为 7±2 个组块,1 个组块＝1 个数字、1 组数字、1 个字母、1 个单词……

自从 Baddeley 提出工作记忆模型后,研究者们开始采用各种方法探索工作记忆的容量和结构,其中记忆广度法是测量工作记忆容量的一种方法。记忆广度是指按固定顺序逐一呈现一系列刺激以后,个体能够立刻正确再现的刺激系列的长度。记忆广度的差异可以造成个体在认知能力、认知发展和智力方面的差异。另外,记忆广度和老龄化、认知缺陷等也密切相关。通常个体在 19～29 岁时记忆广度最高,然后随着年龄的增长逐渐下降。

日常生活中,我们都有一个直观的印象,聪明的人记忆力都很好。在教育学和心理学领域,工作记忆广度的确是衡量智商和认知发展的一个主要指标,而且不同的工作记忆广度反映了不同的记忆功能和组成。例如,空间记忆广度和数字记忆广度能够反映视觉空间模板和语音环路的功能:空间记忆广度不受回忆顺序(顺背、倒背)的影响,主要反映视觉空间模板的功能;数字记忆广度受到回忆顺序的影响,正背容量大于倒背容量,它同时反映了视觉空间模板和语音环路的功能。

本章的第一个研究采用 4 个不同的记忆广度任务考察工作记忆的容量,探索工作记忆的结构。

形象记忆

和短时记忆不同,长时记忆的容量可能是无限的。在诸多文学和影视作品中,男女主人公们时常表现出过目不忘的本事。例如,《红与黑》中的于连,他能够背诵整本拉丁文版的圣经;在参加完一天的会议之后,能够复述会议的整个经过和重要谈话。《射雕英雄传》中黄药师的妻子冯蘅,能够背下整本九阴真经。人类的记忆容量和能力是有着无限的潜力,尤其是对视觉信息的记忆。Shepard(1967)使用简单再认任务测试成人的记忆能力。研究者向被试呈现上百张图片,然后让被试在测试阶段挑选出曾经见过的图片。结果发现,被试对图片的再认率达到了 98%。这种惊人的记忆力同样存在于儿童身上。Brown 和 Scott(1971)让儿童对不同类型的图片进行再认,让他们看见学习过的图片时说"Yes",看见未学习过的图片时说"No"。实验发现儿童即刻的再认绩效高达 98%。对于那些见过两次的图片,间隔 7 天后儿童正确再认率维持在 94% 以上;对于那些只见过一次的图片,儿童的再认绩效在 1 天后仍能达到 84%。

那么,人们在其他长时记忆任务的表现如何呢?这取决于任务的具体要求。一项研究考察了人们对于细节的记忆(Brady et al.,2008)。实验材料包括 2500 张图片,每张图片画有一个常见物,例如放在盒子里的面包、开着门的柜子。被试要完成一个再认测试,测试的干扰项可能是从原先位置移动开的面包,也可能是关着门的柜子。研究发现被试留意到了这些细节,达到了 87% 的正确率。但也有研究者持谨慎态度,Voss(2009)采用图片分类任务,研究了自己对于 4980 张图片的记忆。在学习阶段图片被随机分为两类,Voss 需要学习每张图片对应 L 按键还是 R 按键。当一组图片的学习正确率达到 85% 时,Voss 开始下一组图片的学习。该实验跨度长达 1 年。结果 Voss 发现,自己在测试时的正确率随着学习量的增加而呈现下降趋势:当记忆集为 1000 张时,正确率为 80%;当记忆集为 3500 张时,正确率下降到了 70%。Voss 强调自己的记忆力是正常的,他曾学习了 2000 张图片,取得了 91% 的再认正确率。这说明人类不仅拥有强大的形象记忆能力,也能注意到物体的细节,随着时间的变化,形象记忆似乎不容易衰退,但容易被其他信息干扰。

本章的第二个研究采用自由回忆和再认任务,来了解儿童形象记忆的发展。

■ 错误记忆

我们的日常生活都离不开记忆,我们需要记住身边的人和事,以前发生了什么(回溯记忆),未来计划做什么(前瞻记忆),等等。有了记忆,才有了我们每个人独特的个性与看待世界的方式。那么,我们如此倚重的记忆是否可靠呢?你肯定能举出若干记忆出错的例子。记忆是我们在主观世界里对于客观世界的建构。随着人们年龄的增长以及世界观的变化,记忆可以被重建。我们可能错误地回忆童年事件,通过各种暗示和诱导,甚至创造出新的错误记忆。我们也可能被诱骗记住从未发生过的事件,或者改变真正发生的事情的细节。错误记忆在法律环境中可能会产生特别严重的后果,尤其是当儿童作为性侵或虐待等事件的目击证人时。

Elizabeth Loftus 是研究错误记忆的先驱之一,她首先在成人身上发现了错误记忆现象,后来 Ceci,Ross 和 Toglia(1987)在儿童身上发现了更为明显的错误记忆现象。在 Ceci 等人的实验中,儿童阅读一系列插图,并听到这样一个故事:"Loren 是一个刚上学的小女孩,她在早餐时吃了一个鸡蛋,一段时间后,觉得肚子疼。后来她和同学一起玩游戏,感觉好多了。"一天后,半数儿童接触诱导信息:"你记得 Loren 的故事吗? 她吃麦片的时候太着急,所以头疼了。"结果发现这些儿童在再认测试中的绩效显著下降,错误地将诱导信息当作故事里发生的情节。

前文已经指出,记忆虽然不易随着时间衰退(decay),但会被干扰(interfere)。Loftus 认为错误记忆可能是因为诱导信息"覆盖"了旧的信息,但有一些实验发现真假信息是可以并存的。为了探索错误记忆产生的原因,Lindsay 和 Johnson(1989)开展了这样一个研究:被试在回忆阶段不仅需要判断项目是否学习过,还需要判断项目最早是出现在图片还是文字中。实验发现,思考记忆的来源减少了错误记忆。Johnson,Hashtroudi 和 Lindsay(1993)提出了源检测框架理论解释错误记忆,该理论认为错误记忆是由于人们对记忆的来源产生了混淆,例如儿童把诱导的信息当作是自己在故事中学过的。Mitchell 和 Johnson(2009)列举了神经科学的研究结果,发现前额叶损伤容易引发源检测功能失常。根据源检测框架理论,由于儿童的前额叶发育还不成熟,所以容易受到外界信息的诱导。幸运的是,错误记忆毕竟是相对少见的,对我们的生活影响有限。

本章的第三个研究将采用诱导方式,来了解儿童错误记忆的发生情况。

执行功能

我们经常会碰到这样一些人,他们丢三落四、健忘、经常迟到,坐车经常坐过站,没有条理(桌子和衣柜很乱),总是不能按照计划完成任务。是因为这些人的记忆或注意力有缺陷吗?实际上他们中的一些人,能记住的东西很多,也能够长时间集中注意力。他们的问题可能在于控制和协调各个心理元素的执行功能比较弱。

执行功能(executive function)是指个体对思想和行为进行有意识的监督和控制的心理过程,包括启动和停止某些行动的能力、根据需要监视和改变行为的能力以及在面对新任务和新情况时规划未来行为的能力。执行功能不是一种具体的活动,它是一种复杂的认知结构,一种涉及注意和记忆的高级认知功能。我们在进行多数任务时,都会运用执行功能,即有目的、有意识地调整当前的注意、记忆和策略等,这样我们才不会受自己的习惯和思维定式的影响。执行功能对人类的生存具有重要的意义,执行功能更好的儿童往往学习更好,长大后身心更健康,工作更好,婚姻更幸福。执行功能完善的人往往生活有规划,行动有秩序,不太会出现混乱、丢三落四和不靠谱的情况。研究者认为,执行功能包含了多个相对独立的过程:抑制、转换和刷新(或工作记忆)。他们采用熊-龙任务、卡片分类任务、N-BACK任务等来分别测量这些过程。值得注意的是,测量执行功能的任务往往并不能单一地测量某一个成分或者功能。

本章的第四个研究将选择经典的熊-龙任务、卡片分类任务、N-BACK任务分别考察儿童在执行功能不同层面的发展。

参考文献

Atkinson R C, Shiffrin R M. The control of short-term memory[J]. Scientific American, 1971,225(2):82-90.

Baddeley A. Working memory:Looking back and looking forward[J]. Nature Reviews Neuroscience,2003,4(10):829-839.

Berk L E. Child Development[M]. 9th ed. Boston,MA:Pearson,2013.

Brady T F, Konkle T, Alvarez G A, et al. Visual long-term memory has a massive capacity for object details[J]. Proceedings of the National Academy of Sciences, 2008,105(38):14325-14329.

Brown A L, Scott M S. Recognition memory for pictures in preschool children[J]. Journal of Experimental Child Psychology,1971,11(3):401-412.

Ceci S J, Ross D F, Toglia M P. Suggestibility of children's memory:Psycholegal implications[J]. Journal of Experimental Psychology:General,1987,116(1): 38-49.

Johnson M K, Hashtroudi S, Lindsay D S. Source monitoring[J]. Psychological Bulletin, 1993,114(1):3-28.

Lindsay D S, Johnson M K. The eyewitness suggestibility effect and memory for source [J]. Memory and Cognition,1989,17(3):349-358.

Mitchell K J, Johnson M K. Source monitoring 15 years later: What have we learned from fMRI about the neural mechanisms of source memory? [J]. Psychological Bulletin,2009,135(4):638-677.

Shepard R N. Recognition memory for words, sentences, and pictures[J]. Journal of Verbal Learning & Verbal Behavior,1967,6(1):156-163.

Voss J L. Long-term associative memory capacity in man[J]. Psychonomic Bulletin & Review,2009,16(6):1076-1081.

研究 1 记忆广度

一、研究背景

在日常生活中，我们常常需要在脑海里短暂地存储一些信息。比如儿童在做算术题"12＋34＝?"时，他们不仅需要对十位数进行加法运算，还需要记住之前个位数相加的结果是"6"。这种对有限信息进行短暂存储和加工的认知子系统，被称为工作记忆（Baddeley ＆ Hitch，1974）。

Miller（1956）最先使用数字、字母作为实验材料测得成年人的短时记忆的容量为"7±2"。Baddeley 和 Hitch 扩展了"工作记忆"的概念，认为"工作记忆"不仅包含对信息的短暂存储（即短时记忆），也包含其对信息的加工操作过程（Baddeley ＆ Hitch，1974；Cowan，2008）。他们提出了工作记忆的"多成分模型"。在该模型中，工作记忆由中央执行系统、视觉空间模板、语音环路和情景缓冲器构成。

研究范式

工作记忆最基本的功能是对信息进行短暂存储。工作记忆的存储容量在个体的学习、推理、言语理解等复杂认知能力中起着重要的作用（Unsworth，Heitz ＆ Engle，2005；Just ＆ Carpenter，1992）。

基于工作记忆的"多成分模型"，研究者设计了许多用于测量记忆广度的任务。根据测量的工作记忆的结构，记忆广度任务可分为两类：一类测量语音环路的贮存能力，如数字广度（digit span）任务、词语广度（word span）任务等；另一类测量视觉空间模板的贮存能力，如视觉模式广度任务（visual patterns span test）、柯西块测验（Corsi blocks test）等（Bull，Espy ＆ Wiebe，2008）。根据工作记忆的功能，记忆广度任务又可分为简单记忆广度任务和复杂记忆广度任务。简单记忆广度任务测量工作记忆贮存功能（即短时记忆），如数字广度任务、柯西块测验等；复杂记忆广度任务不仅测量工作记忆贮存功能，还测量其加工机能，如计数广度（counting span）任务、阅读广度（reading span）任务等（Miyake et al.，2001）。

尽管记忆广度任务有许多变式，但基本遵循相同的程序：主试短暂地向被试呈现一系列刺激项目（数字、词语、色块等）。呈现完毕后，让被试按刺激项目呈现的相同顺序（顺背）或相反顺序（倒背）进行回忆。刺激项目的长度和难度不断增加，直至被试多次无法正确回忆，任务终止。主试记录被试能够立即回忆的刺激系列的最大长度，即为记忆广度。

通过研究工作记忆容量的发展，研究者得以检验不同年龄儿童的工作记忆结构是否符合 Baddeley 的描述，并认识到每个儿童存在不同的优势，从而开展有针对性的训练。Gathercole 等人的一项研究使用了 9 个记忆任务，发现不同年龄儿童工作记忆的结构是一致的，它们都可以用模型中的 3 种成分来描述：中央执行系统、语音环路和视觉空间模板（Gathercole et al.，2004）。情景缓冲器是 Baddeley 较晚提出的概念，它可以帮助个体将一系列单词代表的信息整合成有完整连贯性的情境。Gathercole 等人的另一个实验通过句子复述任务测量了情景缓冲器，发现情景缓冲器和语音环路、中央执行系统的确属于不同的工作记忆成分（Alloway et al.，2004）。

记忆容量发展

Miller（1956）测得正常成人的记忆容量为 7±2 个组块。随着工作记忆研究的推进，大量的研究表明：工作记忆的容量仅为 3～4 个组块（Cowan，2001；Luck & Vogel，1997）。随着儿童年龄的增长，他们的记忆容量逐渐接近成人的水平：他们的数字记忆广度、空间记忆广度不断增加，并且呈现出相似的变化趋势；男孩的空间记忆广度比女孩更有优势，数字记忆广度和女孩的发展类似（Orsini et al.，1987）。

儿童的记忆容量为什么会呈现出这样的发展趋势呢？研究者认为，儿童短时记忆容量的大小和任务类型（顺背或倒背）、策略的使用、运算速度、元记忆和知识库等因素有关（Cowan，2016）。

影响因素

顺背和倒背

作答方式影响着儿童在记忆广度任务上的表现：与倒背相比，正背时测得的儿童的数字记忆广度更大；儿童的空间记忆广度在顺背和倒背条件下则没有差异。顺背时，儿童的数字记忆广度大于空间记忆广度；倒背时，儿童的数字记忆广度小于空间记忆广度（Isaacs & Vargha，1989）。

研究者认为，在数字记忆广度任务中，倒背既要求儿童存储信息，又要求儿童对其进行加工操作。这不仅涉及对语音环路这一子系统贮存能力的测量，也涉及对中央执行系统功能的测量。任务难度的加大使得儿童在倒背时数字记忆广度下降。然而，在空间记忆广度任务中，由于无论是顺背还是倒背都只涉及对视觉空间模板贮存能力的测量，因此空间记忆广度不受作答方式的影响。也有研究者对这种解释提出了质疑，他们认为无论是数字记忆广度任务还是空间记忆广度任务，倒背时都需要中央执行系统的参与（Kessels et al.，2008）。

策略的使用

年幼儿童往往不会使用策略来记忆事物。随着年龄的增长，儿童逐渐掌握复述、精细加工、组织等策略的使用。复述策略指对信息进行不断的重复。在 Flavell 等（1966）

的实验中,主试给儿童呈现一系列的图片(如苹果、月亮、梳子等),并且要求儿童按照一定的顺序指图片。研究发现,年长儿童在该任务中的表现要优于学龄前儿童。研究者观察到年长儿童会通过复述策略来帮助自己记忆,他们或发出声音或在心里反复按顺序念着图片的名字,而学龄前儿童几乎不使用该策略。

精细加工策略是指把新信息和已有的知识联系起来,从而赋予新信息以意义。比如,在背诵九九乘法表中的"9×9=81"时,有的儿童会联想到"唐僧经历了九九八十一难",这就是使用了精细加工策略。年长儿童比年幼儿童也更擅长使用组织策略,他们倾向于把相似或范畴相同的信息组成组块进行记忆。例如,在 Cole 等(1971)的研究中,年长儿童通过把一系列单词或图片按照语义类别进行组织,提高了回忆的绩效。

策略的使用对记忆广度的影响在成人的研究中也得以证实。在 Cowan 等(2006)的研究中,被试在进行记忆广度任务的同时,需要不断复述一个单词("the")。反复念无关单词有效抑制了被试对记忆内容的复述,结果发现成人的绩效显著下降,接近于三年级儿童在该任务中的表现。McNamara 和 Scott(2001)的研究发现,当成人学会把一系列无关的单词组织成故事记忆后,他们在记忆广度任务上的表现显著提高。

运算速度

Case 等(1982)把短时记忆看作一个加工空间,分为运算空间和储存空间。总的加工空间一直保持不变,随着儿童年龄的增长,运算速度不断提高,从而使得运算空间不断减少,释放出更多的空间用于贮存。研究发现,年长儿童比年幼儿童在单位时间内复述的次数更多,回忆的词汇数量也更多;当研究者操纵成人的复述速度,使其和 6 岁儿童复述速度相近时,成人记忆广度的优势消失(Hulme & Tordoff,1989;Case,Kurland & Goldberg,1982)。

记忆广度应用

记忆广度任务不仅用于对儿童记忆容量随年龄增长的发展的研究中,也被广泛用于对儿童短时记忆的结构、短时记忆容量与儿童智力、学业成就之间关系的探讨中。近年来,一些研究者试图寻找有效的记忆训练项目来扩大学习困难儿童的短时记忆容量,改善他们的认知能力,从而帮助他们提高学业成绩(Holmes,Gathercole & Dunning,2009)。

本研究的目的是通过记忆广度实验测量儿童的记忆广度,了解儿童的短时记忆容量发展趋势、记忆广度的性别差异、数字和空间记忆广度以及顺背、倒背之间的差异和联系。

二、研究对象和材料

1.研究对象:大班、中班、小班儿童各 20 名,男女各半。
2.研究材料:数字序列、九宫格卡片。

三、研究程序

在所有实验开始前,主试应先和儿童建立友好的关系,并询问和研究相关的个人信息。本研究包含了四个任务,任务顺序可以根据实际情况调整。

1.空间记忆广度顺背任务

(1)主试向儿童介绍任务:"小朋友,我们今天来玩一个游戏,你看这张卡片上有一些方格(呈现空白布局图),孙悟空会在这些方格里移动,你要按顺序记住孙悟空出现过的地方。你看,孙悟空出现在这里(随机选择 1 张卡片,指着孙悟空出现的地方,呈现 3 秒),然后,它移动到了这里(另一张卡片,呈现 3 秒)。现在(呈现空白布局图),你来按顺序指出孙悟空出现过的地方。"

(2)若儿童回答错误,则主试说:"不完全对。"然后指出正确的位置,并说:"孙悟空首先出现在这里,然后在这里。我们再试一次。"若儿童回答正确,则主试说:"对了,我们来试试其他的。"收回卡片,从 2 张开始起测,但卡片呈现时间变为 1s。

(3)若儿童不明白示例,则采用 1 张作为示例,正式施测从 1 张起测。

(4)任何一项第 1 试回答正确,便继续进行下一项;如果有错误,则主试说:"不完全对,我们再试一次。"再进行该项的第 2 试。如果第 1 试、第 2 试均失败便不再继续。及时记录儿童的回答,且每一试次的结果都需要向儿童反馈。

(5)以儿童正确回答的最高位数作为空间记忆广度顺背任务的得分。

2.空间记忆广度倒背任务

(1)主试向儿童介绍任务:"现在,我们要改变一下游戏规则,这一次等我呈现完图片,你要按相反的顺序,指出孙悟空去过的地方。例如(呈现两张图片,以每秒呈现一张卡片的速度),按照相反的顺序,你应该怎么指?"

(2)若儿童回答正确,则主试说:"对了,我们来试试其他的。"收回卡片,从 2 张开始起测。若儿童回答错误,主试说"不完全对",然后指出正确的位置,并说:"按照相反的顺序,孙悟空最后出现在这里,之前出现在这里。我们再试一次。"

(3)若儿童不明白示例,则结束该任务,且得分记为 0 分。

(4)任何一项第 1 试回答正确,便继续进行下一项;如果有错误,则主试说:"不完全对,我们再试一次。"再进行该项的第 2 试。如果第 1 试、第 2 试均失败便不再继续。及时记录儿童的回答,且每一试次的结果都需要向儿童反馈。

(5)以儿童正确回答的最高位数为空间记忆广度倒背任务的得分。

3.数字记忆广度顺背任务

(1)主试向儿童介绍任务:"小朋友,现在,我要读一些数字,请你注意听,等我读完后,请你马上照样说出来。例如:我说 8—2,你该怎么说?"(按每一秒钟一个数字的速度念出数字,注意数字之间必须有清楚的间隔,且不得将长数字分组念。)

(2)若儿童回答错误,主试说:"不完全对,我刚才说的是 8—2。让我们再试一次,我说 4—6,你该怎么说?"若儿童回答正确,则主试说:"对了,我们来试试其他的。"然后开始施测。正式施测时,不用给儿童反馈。

(3)若儿童不明白示例,则结束该任务,且得分记为 0 分。

(4)任何一项第 1 试正确,便继续进行下一项,如果有错误,便进行该项的第 2 试。如果第 1 试、第 2 试均失败便不再继续。

(5)以儿童正确回答的最高位数作为数字记忆广度顺背任务的得分。

4.数字记忆广度倒背任务

(1)主试向儿童介绍任务:"现在,我要读一些数字,但是这一次等我读完后,你要按相反的顺序背出来。例如:我说 8－2,你该怎么说?"(念数字的速度同数字记忆广度顺背任务)

(2)若儿童回答错误,则主试说:"不完全对,我说 8－2,你要倒过来说,应该是 2－8。"若儿童回答正确,则主试说:"对了,我们来试试其他的。我们再试试这些数字,记住,你要按相反顺序背出来。注意听:5－6。"

(3)若儿童回答正确,则主试说:"对了,我们来试试其他的。"然后开始正式施测。正式施测时,不用给儿童反馈。

(4)若儿童始终不明白示例,则结束该任务,且得分记为 0 分。

(5)任何一项第 1 试正确,便继续进行下一项;如果有错误,便进行该项的第 2 试。如果第 1 试、第 2 试均失败便不再继续。

(6)以儿童正确回答的最高位数作为数字记忆广度倒背任务的得分。

四、结果分析

1.比较不同年级儿童的数字记忆广度和空间记忆广度。

2.比较不同年级儿童的顺背记忆广度和倒背记忆广度。

五、讨论

1.解释儿童数字记忆广度、空间记忆广度的差异。

2.解释儿童顺背、倒背测得的记忆广度的差异。

3.解释儿童记忆广度的性别差异。

4.阐述不同年级儿童记忆广度的差异情况及特点。

参考文献

Alloway T P,Gathercole S E,Willis C,et al. A structural analysis of working memory and related cognitive skills in young children[J]. Journal of Experimental Child Psychology, 2004,87(2):85-106.

Baddeley A D, Hitch G. Working Memory[M]//Psychology of learning and motivation. Academic Press,1974.

Bull R,Espy K A,Wiebe S A. Short-term memory,working memory,and executive functioning in preschoolers:Longitudinal predictors of mathematical achievement at age 7 years[J]. Developmental Neuropsychology,2008,33(3):205-228.

Case R ,Kurland D M,Goldberg J. Operational efficiency and the growth of short-term memory span [J]. Journal of Experimental Child Psychology, 1982, 33 (3): 386-404.

Cole M,Frankel F,Sharp D. Development of free recall learning in children[J]. Developmental Psychology,1971,4(2):109-123.

Cowan N. The magical number 4 in short-term memory:A reconsideration of mental storage capacity[J]. Behavioral and Brain Sciences,2001,24(1):87-114.

Cowan N. What are the differences between long-term, short-term, and working memory? [J]. Progress in Brain Research,2008,169:323-338.

Cowan N. Working memory maturation:Can we get at the essence of cognitive growth? [J]. Perspectives on Psychological Science,2016,11(2):239-264.

Cowan N,Naveh-Benjamin M,Kilb A,et al. Life-span development of visual working memory:When is feature binding difficult? [J]. Developmental Psychology,2006,42 (6):1089-1102.

Cowan N,Saults J S,Morey C C. Development of working memory for verbal-spatial associations[J]. Journal of Memory and Language,2006,55(2):274-289.

Flavell J H,Beach D R,Chinsky J M. Spontaneous verbal rehearsal in a memory task as a function of age[J]. Child Development,1966,283-299.

Gathercole S E,Pickering S J,Ambridge B,et al. The structure of working memory from 4 to 15 years of age[J]. Developmental Psychology,2004,40(2):177-190.

Hulme C,Tordoff V. Working memory development:The effects of speech rate,word length,and acoustic similarity on serial recall[J]. Journal of Experimental Child Psychology,1989,47(1):72-87.

Holmes J,Gathercole S E,Dunning D L. Adaptive training leads to sustained enhancement of poor working memory in children[J]. Developmental Science,2009,12(4):F9-F15.

Isaacs E B,Vargha-Khadem F. Differential course of development of spatial and verbal memory span: A normative study[J]. British Journal of Developmental Psychology, 1989,7(4):377-380.

Just M A, Carpenter P A. A capacity theory of comprehension: Individual differences in working memory[J]. Psychological Review,1992,99(1):122-149.

Kessels R P, van den Berg E, Ruis C, et al. The backward span of the Corsi Block-Tapping Task and its association with the WAIS-Ⅲ Digit Span[J]. Assessment,2008,15(4):426-434.

Luck S J, Vogel E K. The capacity of visual working memory for features and conjunctions[J]. Nature,1997,390(6657):279-281.

McNamara D S,Scott J L. Working memory capacity and strategy use[J]. Memory & cognition,2001,29(1):10-17.

Miller G A. The magical number seven,plus or minus two:Some limits on our capacity for processing information[J]. Psychological Review,1956,63(2):81-97.

Miyake A ,Friedman N P,Rettinger D A,et al. How are visuospatial working memory, executive functioning,and spatial abilities related? A latent-variable analysis[J]. Journal of Experimental Psychology:General,2001,130(4):621-640.

Orsini A, Grossi D, Capitani E, et al. Verbal and spatial immediate memory span: Normative data from 1355 adults and 1112 children[J]. The Italian Journal of Neurological Sciences,1987,8(6):537-548.

Unsworth N, Heitz R P, Engle R W. Working Memory Capacity in Hot and Cold Cognition[M]//Engle R W, Sedek G, von Hecker U, et al. (Eds.). Cognitive limitations in aging and psychopathology. New York, NY, US: Cambridge University Press,2005.

研究 2 　形象记忆

一、研究背景

微课堂：
记忆可训练吗

在幼儿园中，经常可以看到孩子们主动跑到图书角挑选一本心仪的绘本，再搬来一张小凳子，开始独自或成群地看起绘本。偶尔，还能看到孩子被有趣的绘本故事所逗乐，甚至会与同伴议论其中内容。以图片为主的绘本正以其趣味性、形象感和娱乐性吸引着儿童，并向儿童展现着各式各样奇妙的故事。但儿童读完绘本后，对所呈现的丰富图像刺激能有多少的记忆呢？

记忆（memory）是对先前时间或经历的记录或表征，与知觉、语言、问题解决等心理活动密切相关，在个体发展过程中起着重要作用。有了记忆，个体才能记住所见所想，积累词汇语言，获得甚至精通各项技能。记忆也连接着过去和现在，能为当前提供过去的经验。若没有记忆的参与，孩子就不能够分辨绘本上的每个角色，也可能会对角色的行为产生困惑，那么绘本就起不到原有的作用。

记忆类型

根据记忆的内容，可将记忆分为形象记忆、情绪记忆、逻辑记忆、动作记忆（或运动记忆）四类。其中，形象记忆是以感知过程的事物形象为内容的记忆。这些形象可以是视觉的、听觉的、触觉的，也可以是味觉的。由于这些记忆通常以表象的形式存在，因此又将其称为"表象记忆"。这类记忆具有直观形象的特点，保存的是事物的感性特征。情绪记忆是对曾经体验过的情绪和情感的记忆。逻辑记忆是以词语为中介、以逻辑思维成果为内容的记忆。动作记忆是以操作过的动作、运动、活动为内容的记忆。

形象记忆是人脑中一种最积极、最有潜力，也最能在深层次起作用的记忆。个体的记忆是从它开始的。6 个月左右的婴儿就会出现形象记忆，如能辨识母亲、熟人的面孔。视觉形象记忆在 3～6 岁时得到快速发展，且形象记忆也在这一时期占据优势，表现为幼儿更容易记住具体、直观、形象的图片（Corsini，Jacobus & Leonard，1969；沈德立等，1985）。随着年龄的增加，在其他类型的记忆不断发展的同时，形象记忆并不会消失，仍旧以一种较低级的记忆形式存在（刘苏钜等，1964）。

记忆过程

一般认为，科学的记忆研究是从艾宾浩斯（Ebbinghaus，1885）开始的。艾宾浩斯把记忆当作一个心理过程,并将其分成学习(识记)、保持、联想和复现四个阶段来研究(杨治良等,1999)。从信息加工的角度来看,记忆包括了编码(encoding)、存储(storage)和提取(retrieval)三个加工过程。

编码指感觉信息转换成心理表征的过程,即将感觉信息在大脑中进行映射,相当于"记"的阶段,对应于上述的"识记"。感觉信息在进入感觉记忆时便会被编码,如视觉信息便会被视觉器官识别,并将其特征编码为生动的视觉图像,成为图像记忆(iconic memory);听觉信息也会在听觉通道中被编码成为声像记忆(echoic memory)。类似地,当信息从感觉记忆进入短时记忆时,也存在视觉编码和听觉编码。

储存指已经编码的信息在记忆系统中进行保持,对应于上述的"保持"。通常,通过复述能够防止在短时记忆中的编码信息因受到无关刺激干扰而被遗忘。其中,精细复述由于可将信息与头脑中已有经验形成联系,因而比简单重复信息的机械复述能够更有效地储存编码信息。而在长时记忆中,信息的储存数量和质量则处于一个动态变化的状态。随着时间的推移,其所储存的数量会不断减少,但质量会随着个体知识、经验、加工和组织等的不同而可能变得简约而概括,或变得完整而有意义,甚至变得更加具体、夸张。

提取指储存在记忆中的信息被召入意识或重新启用的过程,相当于"忆"的阶段,即"回忆和再认"。

回忆和再认

回忆和再认是提取记忆内容的两种主要方式。回忆法(recall method)是指当原来的识记材料不在面前时,对原来的识记材料进行再现的方法,也称再现法或复现法(reproduction method);再认法(recognition method)是指将识记过的材料(旧材料)和未识记过的材料(新材料)混合在一起,重新呈现后对两者进行区分的方法。在儿童阅读完绘本后,若让他们在无绘本的情况下讲述绘本中的故事,就属于回忆法;若给他们呈现某一故事情节,让他们辨认该情节是否在绘本中出现过,就属于再认法。对信息的提取能力是记忆好坏的重要指标,因而回忆法和再认法是传统外显记忆研究的两种基本方法(杨治良等,1999)。

在回忆法中,自由回忆(free recall)法因其具有简便性而成为最常用的回忆法。自由回忆法对识记材料的呈现和再现顺序无限制,回忆的形式可使用口头回忆或书面回忆,因而用其进行研究时的自由度较大。虽说自由回忆对回忆顺序无限制,但研究结果却表明被试在进行回忆时对最后呈现的材料的回忆正确率最高,其次是对最先呈现的材料的回忆正确率,即在自由回忆时分别存在近因效应和首因效应(如图1-3所示)。此外,研究者还认为个体在进行自由回忆时存在一定的结构性。Bousfield(1953)的研究支持个体在回忆时具有分类倾向,即便是随机呈现不同类别的词汇,被试在回忆时会倾向于将同类别词汇放在一起报告。这可能是由于回忆需要以联想为基础,而同类别词汇间的内涵更加接近,因而容易形成联结。

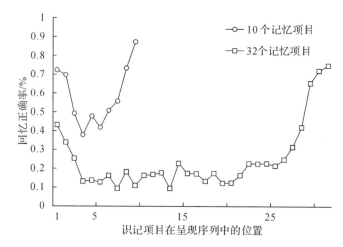

图 1-3　自由回忆的系列位置曲线(采自 Deese & Kaufman,1957)

与自由回忆法不同,由于再认法无须个体主动提取先前的识记内容,只需对呈现的刺激进行判断,因而受刺激呈现顺序的干扰较少;且个体在再认时可能会因所呈现的新刺激与识记的旧刺激过于相似或属于同一类别而产生错误回答。

总的来说,自由回忆法需要个体完全有意识地对材料进行重组和提取,而再认法既涉及有意识的重组加工,也涉及无意识的、自动的因重复而形成的流畅效应(effect of fluency)。因此,当个体不能有意识地提取记忆过的信息时,还能够通过无意识加工进行再认,因而再认所能提取的识记材料会比回忆更多。此外,从提取线索(retrieval cues)的角度来讲,从记忆中提取特定信息时,通常需要借助一定的外部线索(如选择题中的选项)或内部线索(如脑海中产生的联想)。在自由回忆中,个体只能依靠自己产生内部线索提取信息;而在再认时,个体还能够借助已有的外部线索提取信息。因此,一般来说,再认会比自由回忆更加容易。

形象记忆发展

20 世纪 60 至 80 年代,国内外不少学者采用回忆法和再认法对形象记忆的发展趋势进行探究。杨治良等(1981)的研究结果表明:从 3 岁开始,个体的形象记忆能力不断发展,至 10 岁左右发展至高峰,而此后随着年龄增长至老年期,记忆能力则有所衰退。多数研究均表明,年龄越大的儿童的记忆能力越好,特别是在回忆任务上的表现更好(Thurm & Glanzer,1969;Cole,Frankel & Sharp,1971;Levy,1989;刘苏钜等,1964)。国内针对幼儿和儿童形象记忆发展的研究表明,3～6 岁时个体的形象记忆能力得到迅速发展,而发展的速度则随着年龄升高呈现下降趋势(沈德立等,1985)。到了学龄期,儿童的再认任务绩效随年龄升高而平缓增加,达到了相对稳定的阶段。不同年龄之间的即时再认任务绩效差异不显著,而儿童在回忆任务上的绩效仍随着年龄的增长有较快的发展(刘苏钜等,1964;洪德厚,1984;程灶火,耿铭,郑虹,2001),这可能与两类任务的难度差异相关。而国外的研究结果显示,只有3岁幼儿在图片再认任务上的绩效显著低于4岁和5岁幼儿,而4～5岁幼儿的再认绩效都有上升趋势,但差异不显著(Berry,Judah & Duncan,1974)。总的来说,再认比回忆出现得更早一些,且在发展上也更早达到稳定。同时Berry等人的研究还发现,3岁幼儿的再认任务绩效存在性别差异,3岁时女孩的再认绩效要稍高于男孩。

本研究通过自由回忆法和再认法了解儿童形象记忆的发展及其特征。

二、研究对象和材料

1.研究对象:幼儿园小、中、大班儿童各20名,男女各半。

2.研究材料:

(1)绘有儿童熟悉事物的卡片30张,其中15张用于识记,15张作为再认时的干扰刺激。

(2)顺口溜(四选二,作为干扰任务材料):

①《洗澡歌》:清清水,哗啦啦,肥皂泡,白花花,小毛巾,擦擦擦,爱清洁,好娃娃。

②《小牙刷》:小牙刷,手中拿,早晚认真刷刷牙,里里外外刷干净,满嘴小牙白花花。

③《小鸭子》:小鸭子,一身黄,扁扁嘴巴红脚掌,嘎吱嘎吱高声唱,一摇一摆下池塘。

④《长颈鹿》:长颈鹿,个子高,细长脖子摇呀摇。要吃树叶真方便,伸出脖子吃个饱。

三、研究程序

1.主试向儿童介绍任务:"小朋友,这里有一些图片,请你仔细看看每张图片上的内容,想办法把它们都记住。"

2.主试将15张图片随机排列(排列过程中确保图片不被儿童看见),然后同时呈现在儿童面前1分钟。1分钟后,收起图片。

3.主试教儿童念一段顺口溜(时间限定在1分钟),然后对儿童说:"好,现在请你把刚才看到的东西说出来好吗?"让儿童将记住的图片形象逐一说出(时间限定在1分钟)。顺口溜旨在增加干扰以提高任务难度。

4.自由回忆任务结束后,主试再教儿童念另一段顺口溜(时间限定在1分钟),同时主试将识记图片和干扰图片混在一起后呈现在儿童面前。然后主试对儿童说:"好,现在我这有一些图片,请你把你刚才看到过的图片指出来好吗?"让儿童选出识记过的图片。

5.计算每名儿童的回忆和再认任务得分。其中,回忆任务中计算儿童正确和错误回忆数量(重复回答不累计);再认任务中先计算正确再认数(对新材料和旧材料的正确回答)和错误再认数(对新材料和旧材料的错误回答),再根据以下公式计算再认分数。

$$再认分数 = \frac{正确再认数 - 错误再认数}{旧材料数量 + 新材料数量}$$

实验研究程序如图 1-4 所示。

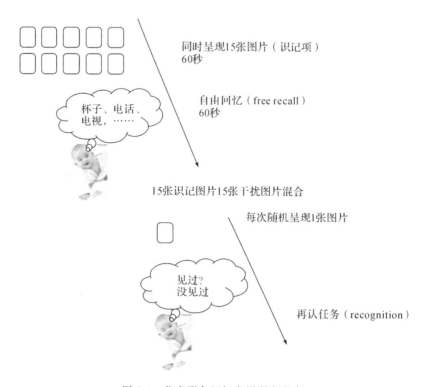

图 1-4 儿童形象记忆发展研究程序

四、结果分析

1. 计算儿童在自由回忆任务中的正确和错误回忆数量,并比较各年级和不同性别儿童在自由回忆任务中的成绩差异。

2. 先计算儿童在再认任务中的正确和错误再认数量,再计算再认分数,并比较各年级和不同性别儿童在再认任务中的成绩差异。

五、讨论

1. 探讨 3～6 岁儿童形象记忆发展的年龄特点。

2. 试分析儿童错误回忆和错误再认的特点。

3. 哪些参数可作为再认任务的指标?试比较其优劣性。

4. 试述形象记忆发展对儿童的意义。

参考文献

程灶火,耿铭,郑虹.儿童记忆发展的横断面研究[J].中国临床心理学杂志,2001,9(4):255-259.

洪德厚.3—14岁儿童记忆发展的某些特点[J].心理科学通讯,1984(2):20-22.

刘荪钜,赵俊杰,李山川,等.小学儿童形象与语词记忆特点的初步实验研究[J].心理学报,1964(2):170-177.

沈德立,阴国恩,朱萍,等.关于幼儿视、听感觉道记忆的研究[J].心理科学,1985(2):16-21.

杨治良,叶奕乾,祝蓓里,等.再认能力最佳年龄的研究——试用信号检测论分析[J].心理学报,1981,13(1):44-54.

杨治良,等.记忆心理学[M].上海:华东师范大学出版社,1999.

Berry F M,Judah R,Duncan E M. Picture recognition by preschool children[J]. Journal of Psychology,1974,86(1):131-138.

Bousfield W A. The occurrence of clustering in the recall of randomly arranged associates[J]. Journal of General Psychology,1953,49(2):67-81.

Cole M,Frankel F,Sharp D. Development of free recall learning in children[J]. Developmental Psychology,1971,4(2):109-123.

Corsini D A,Jacobus K A,Leonard S D. Recognition memory of preschool children for pictures and words[J]. Psychonomic Science,1969,16(4):192-193.

Deese J ,Kaufman R A. Serial effects in recall of unorganized and sequentially organized verbal material[J]. Journal of Experimental Psychology,1957,54(3):180-187.

Levy G D. Developmental and individual differences in preschoolers' recognition memories: The influences of gender schematization and verbal labeling of information[J]. Sex Roles,1989,21(5-6):305-324.

Thurm A T,Glanzer M. Free recall in children:Long-term store vs short-term store[J]. Psychonomic Science,1969,17(5):175-176.

研究 3 错误记忆

一、研究背景

记忆的容量和质量与日常生活息息相关。在 20 世纪 70 年代以前,测量不同条件下被试对不同刺激材料的记忆容量是心理学家的研究重心,这种"数量取向"的研究对记忆材料进行严格的实验控制,但未曾关注记忆是如何发生歪曲的。Koriat 和 Goldsmith (1994)指出,"数量取向"的记忆研究采取了储藏室隐喻(storehouse metaphor),将遗忘视为信息丢失的结果,不注重记忆的内容。对于"数量取向"的研究而言,"帽子"和"枪支"都不过是一个记忆项目。"精确取向"的记忆研究则采用了对应隐喻(correspondence metaphor),它着重考虑事实和回忆之间的差异,强调记忆的内容。对于"精确取向"的研究而言,记错"枪支"比记错"帽子"要严重得多。20 世纪 70 年代以来,"精确取向"的研究蓬勃发展,它特别关注记忆的内容,与"数量取向"的研究并驾齐驱,成为记忆领域的两块基石。

植入性错误记忆

错误记忆是"精确取向"记忆研究的一个重要概念,它指的是与事实不符的记忆。在 Loftus,Miller 和 Burns(1978)关于错误记忆的经典实验中(实验流程见图 1-5),大学生被试在学习阶段浏览了 30 张描述一辆行驶的红色汽车撞倒行人的彩色幻灯片。在关键幻灯片中,红色汽车停在一个停止标志或让行标志的路牌边。在随后的诱导阶段,一半被试接收到和学习阶段一致的文字信息,一半被试接收到不一致的文字信息,例如"红色汽车停在停止标志的路牌边上时,有另一辆车经过吗?",这对于学习阶段观看到停止标志的被试属于一致信息,对于学习阶段观看到让行标志的被试属于不一致信息。最后,被试在测试阶段观看 15 对图片,辨认每对图片中的哪一张在学习阶段出现过。结果发现,诱导阶段接触到不一致的文字信息的被试在测试阶段对于关键幻灯片的再认绩效显著低于随机水平,接触到一致信息的被试对于关键幻灯片的再认绩效显著高于随机水平。由于上述实验中被试接触到了不符合事实的诱导信息,被试表现出的错误记忆也被称为"植入性错误记忆"。

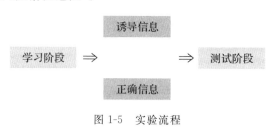

图 1-5 实验流程

记忆战争

人们对于错误记忆的关注并非偶然。根据弗洛伊德的精神分析理论，个体会将部分记忆（例如童年时的创伤）选择性地压抑（repress），催眠术则能够帮助来访者"找回"被压抑的记忆。在 20 世纪 80 年代，精神分析取向的心理咨询师热衷于帮助来访者"找回"被压抑的记忆，不少女性来访者在心理咨询后认为自己在童年遭遇了父亲的性侵，并上诉至法院。这引发了学者们的怀疑，他们认为精神分析师可能诱导出原本并没有发生的事情（Holmes，1990；Loftus，1993）。Loftus 和 Pickrell（1995）成功地将迷路的错误记忆植入到 1/4 的成年人脑中，这意味着心理咨询师也可能向来访者植入错误记忆。这一场 20 世纪 90 年代发生于临床心理学家和记忆科学家之间的激烈争论也被称为记忆战争（memory war，Patihis et al.，2014）。

儿童错误记忆

对于儿童错误记忆的关注同样源于现实的考虑。Ceci 和 Bruck（1993）的综述指出，儿童证言在司法实践中的应用是推动儿童错误记忆研究的主要因素。自 1980 年以来，儿童证言的法律效力越来越多地得到法院的认可，特别是在性虐待和身体虐待案件中，一些学者甚至提出"儿童的记忆不会被暗示"这种乐观的假设。与之对应的是庞大的案件数量和尚不完善的司法程序。仅 1989 年，美国警方就接到了 240 万起涉及儿童虐待的报案。在案件审理过程中，律师往往采用各种方式诱导儿童否认或声称自己受到了虐待，例如："你想让她待在监狱里，不是吗？那样她就不会来烦你了，也不会给你讲鬼故事了。"Ceci 和 Bruck 认为罔顾儿童证言会被暗示的事实不利于司法的公正，不恰当的访谈方式势必威胁到儿童证言的法律效力。

自 20 世纪以来，以 Ceci 为代表的一批研究者致力于探索学前儿童的错误记忆，仅 1979—1994 年就出现了 18 个关于错误记忆发展特点的独立研究，其中有 15 个研究发现儿童比成年人更容易受到暗示，学前儿童比学龄儿童更容易受到暗示。在 Ceci，Ross 和 Toglia（1987）的经典研究中，主试先给 3～12 岁的儿童讲一个故事。故事主人公 Loren 是一个刚上学的小女孩，她在早餐时吃了一个鸡蛋，后来觉得肚子疼。一天后，半数儿童接触诱导信息："你记得 Loren 的故事吗？她吃麦片的时候太着急，所以头疼了。后来她和朋友一起玩游戏，然后感觉好了很多。"另一半儿童接触非诱导信息："你记得 Loren 的故事吗？她生病了，后来她和朋友一起玩游戏，然后感觉好了很多。"又过了两天后儿童参与了一个访谈，儿童需要从成对的图片中选出符合故事的图片。第一对图片包括 Loren 吃鸡蛋和 Loren 吃麦片，第二对图片包括 Loren 肚子疼和 Loren 头疼，每选出一张符合故事的图片（Loren 吃鸡蛋和 Loren 肚子疼）得一分。结果发现，在非诱导条件下 3～4 岁儿童的正确率为 84%，在诱导条件下他们的正确率下降到 37%，相差 47%。5～6 岁儿童的绩效从非诱导条件的 87% 下降到诱导条件的 58%，相差 29%。

这说明年幼儿童的记忆更容易受诱导信息的影响。

儿童错误记忆的影响因素

什么原因使儿童的记忆更容易受到暗示? Bright-Paul, Jarrold 和 Wright(2008)发现,随着心理理论的发展,儿童的受暗示性逐渐下降。实验中儿童需要观看一段关于盗窃案件的 8 分钟视频。第二天,主试修改了视频中的一些细节,以故事的形式讲述给儿童,使得儿童接收到诱导性的信息。在听完故事后,主试列举了一些信息,让儿童判断这些信息的来源,心理理论较好的儿童能够更准确地识别出诱导信息来源于故事。

语言能力好的儿童不容易被暗示(Uhl et al.,2016)。在一项研究中,一位陌生人来到教室为 5～7 岁的儿童讲故事。一个星期以后,主试用一些诱导性的问题询问儿童,并在儿童说"是"的时候给予积极的反馈。又过了一个星期,另一名主试问了儿童相同的问题,但没有给儿童反馈。结果表明,接受性语言得分高的儿童在两次测试中都较少受到暗示。另一个研究中(Chae & Ceci,2005),儿童目睹了两个成年人在教室里争论,并在一周后参与访谈。结果表明,言语智商低于平均水平的儿童更易在访谈中受到暗示。

有趣的是,Bruck 和 Melnyk(2004)分析了 13 项研究,发现一般记忆能力或事件记忆能力和受暗示性不存在必然关系,也就是说记忆好的人也可能受到暗示而产生错误记忆。这说明儿童错误记忆的发展可能不是由记忆容量提升导致的。

儿童错误记忆的诱发方式

Bruck 和 Melnyk(2004)依据学习阶段需要记忆的材料将儿童错误记忆的诱发方式划分为六种。第一种方法使用视频作为材料。第二种方法需要儿童目击一起事件。第三种方法和第四种方法需要儿童亲身经历一段事件,例如和实验员做游戏,或经历一次医学检查,它们的生态效度高,接近司法实践中儿童对自身经历的回忆,实施过程也比较复杂。第五种方法使用故事作为实验材料,例如 Ceci,Ross 和 Toglia(1987)的经典研究,它比较接近儿童日常的学习活动。第六种方法并不设置需要学习的"真实信息",主试直接在诱导阶段用一个不存在的事件植入错误记忆,例如 Loftus 和 Pickrell(1995)将迷路的错误记忆植入被试的头脑中。

本研究将采用第五种方法,在提问中诱导错误记忆,来探索学前儿童错误记忆的发展规律。

二、研究对象和材料

1. 研究对象:幼儿园小班、中班、大班儿童各 20 名,男女各半。

2.研究材料：

学习阶段包括7张图片(见附录3)。这些图片描述了一个孩子的日常生活：小京和妈妈准备出门了。小京拉着妈妈的手过马路。在公园，妈妈和小京看到池塘里面有鞋子。在山坡上，小京遇到了一个小女孩，小京和她一起放风筝。小京走到了树林里，小京看到树上有一个皮球。乌云飘过来了。妈妈带着小京回家。

测试阶段包括4张学习阶段的图片和4张新图片。学习过的图片包括：妈妈和小京过马路。池塘里有一双鞋子。树上有一个皮球。妈妈带小京回家。新图片包括：小京自己过马路。池塘里有一只鸭子。树上有一个苹果。小京一个人回家。标有斜体字的图片为关键图片，其余图片为非关键图片。

三、研究程序

1.记忆阶段

主试对儿童说指导语："小朋友，今天我们来听一个小故事。小京和妈妈在家里准备出门，等一下他们要去逛公园。他们已经到马路上了，你看，小京拉着妈妈的手过马路。妈妈和小京到了公园，池塘里面有一双鞋子。小京来到了山坡上，遇到了一个小女孩，小京和她一起放风筝。小京玩累了，走到了树林里，看到树上有一个皮球。这时候乌云飘过来了，要下雨了，妈妈赶紧带着小京回家。"

在讲述故事的同时，主试依次向儿童呈现7张图片，其中第3张和第5张图片是关键图片。

2.诱导阶段

将儿童随机分配至诱导条件或对照条件中。

诱导条件：

主试对儿童说："你还记得小京的故事吗？小京看到池塘里面有鸭子的时候，妈妈也看到了。后来小京在公园里玩游戏，看到树上有一个苹果。后来妈妈叫小京回家了。"

对照条件：

主试对儿童说："你还记得小京的故事吗？小京看到池塘里面有东西的时候，妈妈也看到了。后来小京在公园里玩游戏。后来妈妈叫小京回家了。"

3.测试阶段

(1)间隔一个星期后，主试向儿童介绍任务："还记得上一次给你看的图片吗？你看一看这些图片，上一次你看过哪一张？"

(2)主试依次向儿童呈现4对图片，让儿童从每对图片中挑选上个星期看过的图片，其中第2和第3对图片包括关键图片。

(3)每选出一张符合故事的图片得一分。在关键图片的得分越低表明暗示性越强，在非关键图片的得分越低表明记忆力越差。

四、结果分析

1. 对比在诱导条件和对照条件下,不同年龄的儿童在关键图片上的得分。
2. 对比在诱导条件和对照条件下,不同年龄的儿童在非关键图片上的得分。
3. 以非关键图片的得分为协变量,比较不同条件下不同年龄儿童在关键图片的得分。

五、讨论

1. 什么是错误记忆?
2. 儿童的记忆易受暗示吗?
3. 儿童错误记忆的发展特点对儿童心理研究和幼儿教育各有什么启发?
4. 为什么说"记忆是建构的产物"?
5. 语言在记忆建构的过程中发挥了怎样的作用?

参考文献

Bright-Paul A,Jarrold C,Wright D B. Theory-of-mind development influences suggestibility and source monitoring[J]. Developmental Psychology,2008,44(4):1055-1068.

Bruck M,Melnyk L. Individual differences in children's suggestibility: A review and synthesis[J]. Applied Cognitive Psychology,2004,18(8):947-996.

Ceci S J,Bruck M. Suggestibility of the child witness: A historical review and synthesis [J]. Psychological Bulletin,1993,113(3):403-439.

Ceci S J,Huffman M L C,Smith E,et al. Repeatedly thinking about a non-event: Source misattributions among preschoolers[J]. Consciousness & Cognition,1994,3(3-4): 388-407.

Ceci S J, Ross D F, Toglia M P. Suggestibility of children's memory: Psycholegal implications[J]. Journal of Experimental Psychology: General, 1987, 116 (1): 38-49.

Chae Y,Ceci S J. Individual differences in children's recall and suggestibility: The effect of intelligence, temperament, and self-perceptions[J]. Applied Cognitive Psychology, 2005,19(4):383-407.

Holmes D S. The evidence for repression: An examination of sixty years of research. [M]// Singer J L (Ed.). Repression and dissociation: Implications for personality theory, psychopathology, and health. Chicago, IL: University of Chicago Press, 1990.

Loftus E. The reality of repressed memories[J]. American Psychologist,1993,48:518-

537.

Loftus E F,Miller D G,Burns H J. Semantic integration of verbal information into a visual memory[J]. Journal of Experimental Psychology：Human Learning and Memory,1978,4(1)：19-31.

Loftus E,Pickrell J E. The formation of false memories[J]. Psychiatric Annals,1995,25(12)：720-725.

Koriat A,Goldsmith M. Memory in naturalistic and laboratory contexts：Distinguishing the accuracy-oriented and quantity-oriented approaches to memory assessment[J]. Journal of Experimental Psychology General,1994,123(3)：297-315.

Patihis L,Ho L Y,Tingen I W,et al. Are the "memory wars" over? A scientist-practitioner gap in beliefs about repressed memory[J]. Psychological Science,2014,25(2)：519-530.

Uhl E R,Camilletti C R,Scullin M H,et al. Under pressure：Individual differences in children's suggestibility in response to intense social influence[J]. Social Development,2016,25(2)：422-434.

研究 4　执行功能

一、研究背景

执行功能指在完成各种复杂的认知任务时,对认知过程进行的协调和控制;执行功能的目的是让个体的行为具有适应性和目的性,使个体能够超越和改变自动的(或无意识的)、已建立的想法和反应(Lezak,1995)。执行功能对人类的生存具有重要的意义,因此执行功能的发展成为发展心理学家关注的主题。为了理解儿童执行功能的发展,我们先要了解执行功能的组成。

微课堂:
执行功能实验

执行功能的组成

研究者(Miyake & Friedman,2012)通过因素分析和结构方程模型等统计方法探索执行功能的组成及功能,发现儿童执行功能包括一系列相对独立的子功能。执行功能按照层次结构组织而成,既包含一个统一的构造,又包含了分离的组件,这些分离的组件是:抑制、转换和刷新。由于执行功能的复杂性,研究者根据其研究目的采用不同的研究方法来探索执行功能的组成,本章将以 Miyake 等人的模型为基础,介绍执行功能的三个成分和相关实验。

第一个成分是抑制(inhibition)功能,即抑制控制,是执行控制的基础组件,指对优势的和自动的反应进行有意识抑制的能力。用来考察抑制能力的任务是:色词 Stroop 任务、数字 Stroop 任务和日-夜 Stroop 任务、熊-龙任务、西蒙说。不同的任务要求抑制的具体反应不同,但所有任务都要求有意地停止一个几乎自动化的反应。如果你会打网球,在你刚学习打羽毛球时,你挥拍的动作可能像打网球,因为对你来说挥网球拍是自动化的。多数抑制任务并不只是反映抑制功能,都需要转换功能和工作记忆。例如,你在打羽毛球时,需要记住新的规则。

第二个成分是转换(shifting)功能,即心理定式转换,指多种任务或心理定式之间的转换。转换过程包括从无关的任务中脱离出来,并积极投入到一个相关的任务中。如果你要同时使用多种语言学习或工作,你就要在多种语境和思维习惯下切换。这在我们日常学习中经常遇到。例如,在上英语课时,你要迅速甩掉头脑中冒出的中文,换成英文表达习惯。考察转换功能的任务是:数字转换任务(more-odd shifting task)、词类转换任务(verbal shifting task)、威斯康星卡片分类任务(Wsiconsin Card Sorting Test,WCST)。虽然这三种任务的具体操作要求不同,但是所有任务都有进行心理定式转换的要求。

第三个成分是刷新(updating)功能,多数研究者认为这一功能反映了工作记忆。为了顺利完成当前任务,我们需要对当前信息进行监控,时刻对工作记忆中的内容进行修改,用新的信息取代旧的或者不合适的信息。常用来考察刷新功能的任务有:数字刷新任务(N-back task)、听句子广度任务(listening span task)和数点数广度任务(count-span task)。虽然这三种任务需要刷新的信息特性不同,任务目标各异,但这三种任务都需要持续地监控和刷新当前的记忆内容。

执行功能的发展

随着年龄增长,3～6岁儿童执行功能各成分呈上升趋势发展,但各子成分上的发展速度不完全同步。抑制功能和转换功能的发展优先于刷新功能,4岁左右为抑制控制与认知灵活性的高速发展期。

抑制功能

在经典的"熊-龙"任务中(Reed,Pien & Rothbart,1984),儿童必须执行熊的指令,而不执行龙的指令。成年人的指令对儿童具有启动效应:当儿童听到指令时,会自动地去执行,他们要在3岁以后才能抑制成年人的指令。在该任务中,儿童不得不压制自己执行指令的天性,尤其是当他们已经习惯执行这些指令时。研究者采用类似的任务探索了3～5岁儿童抑制功能的发展。横向研究和纵向追踪均发现,随着年龄的增长,儿童的抑制功能在不断发展(Carlson,2005;Hendry,Jones & Charman,2016;Kochanska,Murray & Coy,1997)。Carlson(2005)的研究显示51%的3岁初儿童通过了"熊-龙"任务,而3岁末的儿童中,该任务的通过率达到了76%。但是4～5岁儿童却难以通过稍复杂的抑制任务(如"西蒙说")。

抑制任务通常通过增加优势反应来提高儿童抑制反应的难度。例如,在"西蒙说"任务中,儿童需要执行实验者发出的指令,当同一个实验者在相同指令前面加"西蒙说"三个字时,儿童则不能执行该指令。在4岁儿童中,该任务的通过率在60%左右。在类似Stroop的任务中也发现,随着年龄的增长,儿童处理复杂问题的能力在增强(Carlson,Mandell & Williams,2004)。Gerstadt,Hong和Diamond(1994)对3.5～7岁儿童进行纵向追踪,发现儿童在"日-夜任务"中的通过率不断提升。以上这些研究都显示出相似的模式,即3～5岁儿童的抑制功能随年龄变化而提升。

在抑制控制上,3.5～4.5岁的正确率增加最迅速,在4.5岁左右达到高峰;4.5～5.5岁的反应时降低最显著。大多数研究也认同抑制控制子成分发展最为迅速的时期是4.5～5岁,即4岁是抑制控制发展的转折点和关键期(Diamond et al.,2004;张文静,徐芬,2005)。

转换功能

研究者一般采用维度变化卡片分类(Dimensional Change Card Sorting,DCCS)任务探索人们如何在不同规则之间切换(Zelazo et al.,2003)。在标准的DCCS任务中(见图1-6),儿童首先根据一种规则(如颜色)对卡片进行分类,然后再根据另外一种规则

(如形状)对卡片重新分类,通过维度变化后儿童对卡片分类的正确率加以考察。之后的研究者通过创建各种 DCCS 任务的变式增加任务难度,了解更大年龄儿童、青少年和成年人的认知灵活性(Garon,Bryson & Smith,2008;Zelazo et al.,2003)。一般 3 岁儿童在规则转换后的阶段,依旧按照之前的规则对卡片进行分类,即使主试多次告诉儿童新的分类规则后也难以纠正。他们这种表现和前额叶受损的患者极为相似(Milner,1963)。直到儿童 5 岁时,才可以正确地在不同规则之间进行切换。DCCS 任务的表现是执行功能发展的重要指标,一般神经系统发育迟缓或者有注意问题的儿童(例如多动症儿童、孤独症儿童)很难在不同规则之间进行灵活切换。

图 1-6　维度变化卡片分类任务
(浅色代表绿色,深色代表红色)

儿童在 3.5～4.5 岁时转换功能发展最快,4 岁左右是发展的转折期;5 岁之后转换功能的发展相对缓慢。这可能是因为所采用的任务相对简单,出现天花板效应。Davidson 等(2006)研究指出:在与认知灵活性结合的任务上,即使要求很简单,儿童也需要很长时间才能达到成人水平;10 岁儿童的准确率也未能达到 80%。

刷新功能

刷新功能,即对信息的监控和更新,多数研究者认为该成分反映工作记忆(Garon,Bryson & Smith,2008)。工作记忆的组成复杂,相应的考察工作记忆的任务非常多,例如工作记忆广度、N-back、视觉搜索、延迟反应任务等。我们将在后面的章节具体介绍工作记忆模型和测量工作记忆广度的范式和研究发现,此处只做一个简短的概述。

Gathercole 等(2004)认为,执行功能和简单的记忆任务不同,前者需要中央执行系统和存储系统的合作,言语存储系统(语音环路)或者视觉存储系统(视觉空间),后者更多地涉及存储系统。儿童在工作记忆中的表现和发展与任务的复杂度有关,简单的工作记忆任务仅仅要求记忆项目,例如数字、字母顺背,复杂的工作记忆任务则涉及更多的认知加工,例如倒背、N-back 任务、加减任务、数字—字母序列、局部—整体任务(Garon,Bryson & Smith,2008)。在最简单的工作记忆任务中,各年龄的儿童、青少年和成人的表现并没有显著差异(Luciana et al.,2005)。国内的研究(文萍,李红,2007)发现,儿童在 6～10 岁的工作记忆广度快速增长,10～11 岁则趋于稳定。在各种复杂的工作记忆任务中,4～14 岁儿童的任务绩效呈现线性增长,14～15 岁达到稳定水平(Gathercole et al.,2004)。

N-back 任务是最常用的研究工作记忆刷新功能的任务。在典型的 N-back 范式中,给被试呈现一系列的刺激,被试需要判断当前的刺激和前面的第 N 个刺激是否相同,随着 N 的增大,任务难度越来越大。本研究采用动物图片为材料,要求儿童看到目标动物(骆驼)时,报告骆驼前面的第 N 个动物是什么,如图 1-7 所示。

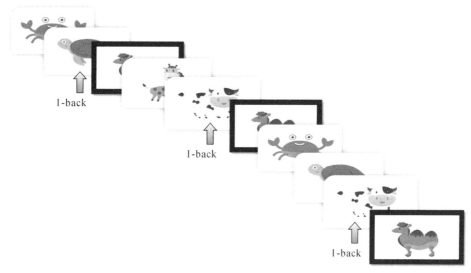

图 1-7　1-back 任务

(当看到骆驼时,报告骆驼前面 1 个动物是什么,箭头所示为正确答案。)

三个成分的关系

执行功能的各成分间相对独立又相互联系;在完成大部分任务时,需要各子成分的协调合作(Miyake & Friedman,2012)。例如,3 岁儿童在卡片分类中,需要抑制之前的分类规则(例如,在根据形状分类时要抑制颜色的干扰),同时需要在工作记忆中保存当前的规则。多数研究者发现执行功能的各个成分间呈现不同程度的相关。有的研究者(陈天勇,李德明,2005)发现执行系统的各个成分具有可分离性,通过验证性因子分析显示三种执行功能子成分各不相同,彼此间的相关较小;而有的研究则发现三者之间分别呈现中等程度的相关(Miyake et al.,2000)。

另外,相比于抑制控制和转换任务,刷新任务的正确率在各年龄段均较低。原因可能在于抑制控制能力是执行功能中的基础能力,儿童通过练习可以较快地适应与之相关的任务,获得较好成绩,而与工作记忆相关的刷新任务却难以达到这个水平(Davidson et al.,2006);而且刷新任务所对应的任务难度较大,所需调动的心理资源更多(Jonides & Smith,1997;Miyake et al.,2000)。例如,在 N-back 任务中,儿童需要在监控、编码和储存与任务相关的新信息时,删除与任务不相关的旧信息,因为每个试次所需要的信息都不相同,且试次之间的信息会相互干扰。

本研究将选取三个经典的执行功能任务——熊-龙任务、卡片分类任务、N-back 任务,分别探索儿童抑制功能、转换功能和刷新功能的发展。

二、研究对象和材料

1. 研究对象:4~6 岁儿童,男女各半。
2. 研究材料:
(1)卡片分类任务材料:红色兔子、绿色兔子、红色车、绿色车各 4 张,总共 16 张。
(2)N-back 任务材料:动物卡片。

三、研究程序

本研究包含了三个任务,以下三个任务应当平衡顺序。
1. 抑制功能:熊-龙任务
(1)动作设计
一名儿童做 20 个试次,共呈现 20 组动作,做与不做的动作随机呈现,各 10 组,包含 5 个动作:摸耳朵、摸嘴巴、摸鼻子、摸头发、摸眼睛。每个动作在做和不做条件下分别呈现 1~3 次。
(2)主试 1 向儿童介绍任务:"小朋友,我们来玩一个游戏。游戏规则是这样的:我待会儿叫你做什么,那就做什么。比如'摸鼻子',你就摸一下自己的鼻子(主试边说,边拿起儿童的手,做摸鼻子的动作)。这个阿姨/叔叔(主试 2)叫你做什么,你千万不要听她/他的。比如她/他叫你'摸鼻子',你就不用摸自己的鼻子。明白了吗?我们来做做看。"
(3)练习阶段
主试向儿童呈现 6~10 组动作,保证其理解规则。每次呈现完动作以后,等待儿童反应。纠正儿童的错误,强调规则是"听我的,不要听这位阿姨/叔叔的"。
(4)正式实验
主试 1 再次对儿童说:"我待会儿叫你做什么,那就做什么。这个阿姨/叔叔(主试 2)叫你做什么,你千万不要听她/他的。明白了吗?这次我们会加快速度。"
等待儿童反应完成 1s 后开始下一个试次。如果儿童没有反应,3s 后开始新试次。

（5）计分

做和不做两类动作分开计分,前者的 10 组动作为发动分数,后者为抑制分数。

发动分数:0＝没有动作;1＝错误动作;2＝部分正确动作;3＝完全正确动作。共 10 个试次,总分 30 分。抑制分数:0＝完全按命令动作;1＝错误动作;2＝部分按命令动作;3＝没有动作。共 10 个试次,总分 30 分。

抑制功能总分＝发动分数＋抑制分数。

2.转换功能:卡片分类

（1）颜色规则

主试向儿童介绍任务:"你看,这里是一只红色的兔子,这里是一辆绿色的小车。现在我们玩一个颜色游戏,你要把红色的卡片放在这里（红色兔子）,绿色卡片放在这边（绿色小车）。"

主试和儿童一起给两张卡片分类（一张红色,一张绿色）,并确认儿童是否明白规则,问"红色的卡片放哪里?""绿色的卡片放哪里?"

儿童明白规则以后,让儿童一一给 6 张卡片分类,主试问"这张红色的卡片放在哪里?"等儿童卡片放好以后,主试给反馈。

6 张卡片后,改变规则。

（2）形状规则

主试向儿童介绍任务:"现在,我们换一个游戏,叫形状游戏。这次,兔子放在这边（红色兔子）,小车放在这边（绿色小车）。"

主试和儿童一起给两张卡片分类（一张兔子,一张小车）,并确认儿童是否明白规则,问"兔子放哪里?""小车放哪里?"

儿童明白规则以后,让儿童一一给 6 张卡片分类,主试不给反馈。

完成 6 个试次。

（3）计分

记录儿童在颜色规则和形状规则中正确分类的次数,正确计 1 分,错误计 0 分,共 12 个试次,总分为 12 分,一般儿童获得 9 分视为通过卡片分类任务。

转换功能总分 ＝颜色规则分数＋形状规则分数。

3.刷新功能:N-back

（1）1-back

主试向儿童介绍任务:"小朋友,我会给你看一些动物（主试演示）。当出现骆驼时,你要告诉我骆驼前面的一个动物是什么。"

练习 1～2 次,让儿童明白规则。然后开始正式实验,正式实验包含 5 个试次,记录儿童是否回答正确。

（2）2-back

主试向儿童介绍任务:"我们现在要改变一下游戏规则,我会给你看一些动物（主试演示）。这次,当出现骆驼时,告诉我骆驼前 2 个动物是什么。"

练习 1～2 次,让儿童明白规则。然后开始正式实验,正式实验包含 5 个试次,记录儿童是否回答正确。

(3)依次类推,让儿童完成 3-back,4-back,…直到(N+1)back 任务,直至儿童的正确率低于随机水平,即儿童回答错误 3 次。

(4)刷新功能得分为儿童能通过的任务个数,即当儿童未通过(N+1)back 任务,而通过了在此之前的所有任务,则刷新功能得分=N。

四、结果分析

1. 比较不同性别儿童在三个任务中的得分。
2. 比较不同年龄组儿童在三个任务中的得分。
3. 比较三类任务的发展趋势。

五、讨论

1. 儿童执行功能不同成分的发展。
2. 执行功能发展的性别差异。
3. 执行功能受到哪些因素的影响。

参考文献

陈天勇,李德明.执行功能可分离性及与年龄关系的潜变量分析[J].心理学报,2005,37(2):210-217.

文萍,李红.6~11 岁儿童执行功能发展研究[J].心理学探新,2007(3):38-43.

张文静,徐芬.3~5 岁幼儿执行功能的发展[J].应用心理学,2005,11(1):73-78.

Carlson S M. Developmentally sensitive measures of executive function in preschool children[J]. Developmental Neuropsychology,2005,28(2):595-616.

Carlson S M,Mandell D J,Williams L. Executive function and theory of mind:Stability and prediction from ages 2 to 3[J]. Developmental Psychology,2004,40(6):1105-1122.

Davidson M C,Amso D,Anderson L C,et al. Development of cognitive control and executive functions from 4 to 13 years:Evidence from manipulations of memory, inhibition,and task switching[J]. Neuropsychologia,2006,44(11):2037-2078.

Diamond A,Briand L,Fossella J,et al. Genetic and neurochemical modulation of prefrontal cognitive functions in children[J]. American Journal of Psychiatry, 2004,161(1):125-132.

Gathercole S E,Pickering S J,Ambridge B,et al. The structure of working memory from 4 to 15 years of age[J]. Development Psychology,2004,40(2):177-190.

Garon N,Bryson S E,Smith I M. Executive function in preschoolers:A review using an integrative framework[J]. Psychological Bulletin,2008,134(1):31-60.

Gerstadt C L,Hong Y J,Diamond A. The relationship between cognition and action: Performance of children 3 1/2-7 years old on a stroop-like day-night test[J]. Cognition,1994,53(2):129.

Hendry A,Jones E J H,Charman T. Executive function in the first three years of life: Precursors,predictors and patterns[J]. Developmental Review,2016(42):1-33.

Jonides J,Smith E E. The architecture of working memory[M]//Rugg M D(Ed.), Studies in cognition. Cognitive neuroscience. Cambridge,MA,US:The MIT Press, 1997.

Kochanska G,Murray K,Coy K C. Inhibitory control as a contributor to conscience in childhood:From toddler to early school age[J]. Child Development,1997,68(2): 263-277.

Lezak M D. Neuropsychological assessment (3rd ed.) [J]. Journal of Neurology Neurosurgery & Psychiatry,1995,58(6):655-664.

Luciana M,Conklin H M,Hooper C J,et al. The development of nonverbal working memory and executive control processes in adolescents[J]. Child Development,2005,76 (3):697-712.

Milner B. Effects of different brain lesions on card sorting:The role of the frontal lobes [J]. Archives of Neurolgy,1963,9(1):3059-3065.

Miyake A,Friedman N P. The nature and organization of individual differences in executive functions:Four general conclusions[J]. Current Directions in Psychological Science, 2012,21(1):8-14.

Miyake A,Friedman N P,Emerson M J,et al. The unity and diversity of executive functions and their contributions to complex "frontal lobe" tasks:A latent variable analysis[J]. Cognition Psychology,2000,41(1):49-100.

Reed M A,Pien D L,Rothbart M K. Inhibitory self-control in preschool children[J]. Merrill-Palmer Quarterly,1984,30(2):131-147.

Zelazo P D,Müller U,Frye D,et al. The development of executive function in early childhood[J]. Monographs of the Society for Research in Child Development,2003,68 (3):131-137.

第 2 章

思维与言语

早在婴儿能说话之前,他们就有了心理活动和思维。当儿童能说会道之后,语言和思维又将如何发展呢?我们是先有了思维,然后将思维翻译成语言,还是言语能力的发展促进了认知和思维的质变?

皮亚杰认为儿童的思维始于动作和感知,0～2岁婴幼儿主要通过看、听、触、闻等感觉和动作技能来感知和适应外部世界。随着儿童从感觉运动阶段进入到前运算阶段(2～7岁),儿童的语言能力以惊人的速度在发展,儿童开始以符号来表征外部世界,较少受到具体形象和动作的限制。皮亚杰认为语言是我们最灵活的心理表征方式,因为有了语言可以将思维与行动分开,所以前运算阶段的认知和思维比在感觉运动阶段更高效。当我们通过语言来思考时,我们已经摆脱了感知觉的限制,我们能够立刻处理过去、现在和未来的图像。Arunachalam 和 Waxman(2010)指出语言发展与思维和概念发展是密不可分的。儿童听到"看,小狗!",这里的"小狗"不仅指眼前的小狗,儿童还会认识到"小狗"可以代表所有具备狗的特征的生物,从而建立起"狗"这一个概念。儿童还可能听到"它在咬骨头",此时儿童需要理解"咬"这一个动作。当儿童听到"它是毛茸茸的"时候,儿童不仅需要认识到"毛茸茸的"是狗的一个特征,还需要认识到其他不在眼前的狗也可能是"毛茸茸的"。

皮亚杰发现,4～7岁儿童开始向下一个阶段(具体运算阶段)过渡。与7～12岁的儿童相比,4～7岁儿童还不能进行逻辑规则方面的思考。最典型的是,他们认为其他人所看所感和自己是一样的(自我中心),无法理解守恒。守恒是指物体的外形(形状、方向、位置)发生变化时,它的数量属性(质量、长度、重量、面积、体积)仍旧不变。典型的例子是,给儿童两杯一模一样的水,然后我们将其中一个杯子的水当着儿童的面倒入另外一个高而窄的容器里,4～7岁的儿童一般认为水变多了。即使在此阶段儿童的语言出现了飞跃性的进步,词汇量猛增,但是儿童仍旧不能通过看似简单的守恒任务。直到进入具体运算阶段,儿童才掌握守恒,理解数量属性,并能够进行逻辑思考。

守恒和思维

　　守恒在 40 年前是发展心理学研究的一个核心。在皮亚杰有关数量和思维的研究中,守恒是一个关键性概念。皮亚杰认为,守恒的获得是进行推理活动的前提,是智力和思维的基础。至今,有关守恒的核心问题并没有一个明确的答案。例如,儿童如何获得守恒,获得守恒的必要条件是什么。

　　有关守恒最经典的发现是当一个刺激的外形发生变化时,儿童认为刺激的数量属性也发生了变化。如图 2-1 所示,当硬币排列比较松散时,儿童认为硬币的数量增加了;当橡皮泥由球形变成扁平时,认为橡皮泥变多了;当水从高的杯子倒入矮的杯子时,认为水变少了;当橡皮泥被压扁时,认为橡皮泥变重了。皮亚杰认为儿童的守恒经历了三个阶段:不守恒阶段、过渡阶段、守恒阶段。在不守恒阶段,儿童的思维受到某一个主要知觉特征的影响,例如在长度守恒中,受到水的高度的影响。在过渡阶段,儿童对于守恒问题似懂非懂,有时候可以理解守恒,有时候又会受到外观变化的影响。在守恒阶段,儿童已经能够进行逻辑思维,完全理解守恒。

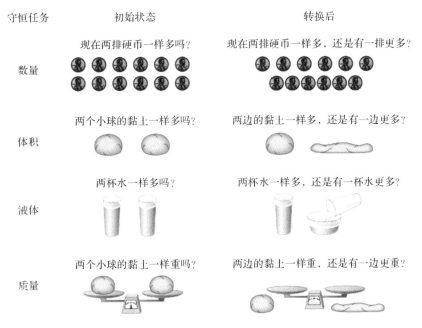

图 2-1　守恒任务(采自 Berk,2013)

　　对儿童为什么不能通过守恒,研究者提出了很多的解释,例如:儿童被转换过程误导;儿童不理解实验问题;儿童对守恒概念缺乏真正的理解;儿童忽略了转换过程,认为刺激的初始和变化后的状态没有关系;等等。

　　本章的第一个研究将重复皮亚杰的经典守恒实验,探索儿童对数量属性、守恒概念的掌握情况,对儿童给出的回应进行分析,了解儿童思维的奥秘。

词语理解

维果斯基在《思维和语言》一书中指出,语言是人类社会交往的重要手段,是塑造思维和认知过程的关键因素。词语是语言的基础也是其中心成分,词语理解要求儿童将声音信息和词语的含义联系起来。语言学习在婴儿阶段就已经开始了。11 个月的婴儿平均能够说出 4 个词,例如"爸爸""妈妈""你好"(Tardif et al.,2008)。一项对北京学步儿的研究发现,75% 的 2 岁儿童的词汇量在 50～600 的范围内(Hao et al.,2015)。

准确地评估词汇量是语言学家孜孜以求的目标。在英语中,词元(lemmas)指的是词的基本形式,例如,名词单数(例如,cat,dog)和动词的不定式形式(例如,work,repair)。屈折词(inflected word)指的是一个单词通过与词缀结合形成的新的单词,例如,可数名词的复数形式(例如,cats,dogs),动词的过去分词(例如,worked,repaired)。词类(word types)是指语料中所有不同形式单词的数量,它将不同形式的屈折词看作是不同的(例如,cat 和 cats 属于两个词类),将拼写一致的单词视作同一个词类。随着语料库的增大,词类的数量呈现对数增长的趋势。有人甚至认为全人类的词汇量可能是无限的。Segbers 和 Schroeder(2016)调查了德国儿童和成人的词汇量,发现一年级小学生知晓 5900 个词元,成年人知晓 73000 个词元。

儿童词汇的理解遵循特定的顺序。总体上看,儿童先是掌握实词,再掌握虚词;实词的掌握按照"名词—动词—形容词"的顺序进行。一项对 900 多个北京儿童的研究发现,儿童最初掌握的 50 个词里面有 35 个是名词,6 个是动词,3 个是形容词,另有 6 个其他类型词汇(如"是""不要")(Hao et al.,2015)。在儿童理解和使用新词的早期,常常会出现词义"泛化""窄化""特化"的现象。随着年龄的增长,儿童对词语的理解逐渐摆脱具体情境的限制,词的概括性提高,词的泛化、窄化和特化现象明显减少(梁旭东,2007)。例如,儿童起初用"猫"指代"豹子""狮子"等形象相似的动物,表现出词的泛化现象,后来儿童习得了"豹子""狮子"等词,并认识到它们都属于"猫科动物"。

本章的第二个研究采用词汇理解考察儿童词汇量的发展以及对各类词语的理解情况。

词汇学习

词汇学习开始于婴儿时期(Arunachalam & Waxman,2010),婴儿在 12 个月左右说出最初的词,到 6 岁时,他们拥有的词汇量达到 10000 个。为了达到这种增长,儿童每天要学会大约 5 个生词(Anglin,1993;Bloom et al.,1996)。儿童是如何如此迅速地增加他们的词汇量的呢?研究者发现,14 个月时,婴儿能够将名词和给定的物体类别相对应。21 个月时,婴儿能够在形容词和物体的某一特征之间建立对应关系。24 个月时,幼儿能够将新学到的动词迁移到新的情境中去。

儿童的词汇学习,特别是名词的学习是快速的。有研究显示,婴儿一看到生词,他就将这个词和一个基本概念联系起来,这个过程被称为"快速映射"(fast-mapping)(Carey & Bartlett,1978)。例如,当听到"看,那里有一只小狗"时,儿童首先把"小狗"从整句话中提取出来,然后在当前环境中找到小狗,进而记住"小狗"一词代表的是什么样的动物(有几条腿,嘴巴是怎样的)。另一方面,单次学习的效果又是短暂的。Horst 和 Samuelson(2008)请 24 个月大的幼儿在熟悉的鸭子和不熟悉的小鸟之间选出"cheem",间隔 5 分钟之后再让幼儿从不熟悉的小鸟和另外两个不熟悉的玩具中选出"cheem"。结果发现幼儿在后续的选择中处于随机水平,说明幼儿并没有在小鸟和"cheem"之间建立稳定的联系。在多个陌生选项中找出之前学过的物体标志着儿童已经形成了关于它的概念,儿童直到 3 岁才能做到这点,而 24 个月的幼儿还没有形成稳定的类别概念(Bion,Borovsky & Fernald,2013)。他们将其他不熟悉的玩具也看作"cheem",这种现象就是词的"泛化"。

为了高效地学习名词,儿童需要掌握新名词和示例物体之间存在的规律。例如"小狗"不仅代表了面前的狗,也可以指代新的环境中出现的不同颜色的狗,但"小狗"不能指代犀牛或斑马。形状偏好是指儿童在学习了一个物体对应的名词后倾向于将此物体的名字推广到其他与此物形状相似的物体上,它常常出现在儿童对非生命物体的命名中。注意学习观点(Colunga & Smith,2008)认为儿童从环境中习得了命名的规律,例如,有棱角的物体(如方形和五角星)主要因为形状不同而被赋予不同的名字,有眼睛的事物(如不同种类的鸟)的命名需要依据多个特征(颜色、外形、纹理),前者表现为形状偏好,后者被称作"家族相似性"原则。形状偏好意味着儿童能够从陌生的多个物体中选择出生词对应的物体,并且这种决定遵循"形状优先"的规则。儿童获得形状偏好,意味着儿童对于该事物所代表的类别有了一定的认识,所以形状偏好对儿童的词汇学习和概念发展有着重要的意义。

本章的第三个研究考察儿童在语言学习中的形状偏好。

参考文献

梁旭东.学前儿童语言教育[M].北京:中央广播电视大学出版社,2007.

Anglin J M. Vocabulary development:A morphological analysis[J]. Monographs of the Society for Research in Child Development,1993,58(10):i+iii+v-vi+1-186.

Arunachalam S, Waxman S R. Language and conceptual development[J]. Wiley Interdisciplinary Reviews Cognitive Science,2010,1(4):548-558.

Berk L E. Child Development[M] .9th ed. Boston,MA:Pearson,2013.

Bion R A H,Borovsky A,Fernald A. Fast mapping,slow learning:Disambiguation of novel word-object mappings in relation to vocabulary learning at 18,24,and 30 months[J].Cognition,2013,126(1):39-53.

Bloom P,Peterson M,et al. Language and Space[C]. Cambridge,MA:MIT Press,1996.

Carey S, Bartlett E J. Acquiring a single new word[J]. Papers & Reports on Child Language Development, 1978, 15:17-29.

Colunga E, Smith L B. Knowledge embedded in process: The self-organization of skilled noun learning[J]. Developmental Science, 2008, 11(2):195-203.

Hao M, Liu Y, Shu H, et al. Developmental changes in the early child lexicon in mandarin chinese[J]. Journal of Child Language, 2015, 42(3):505-537.

Horst J S, Samuelson L K. Fast mapping but poor retention in 24-month-old infants [J]. Infancy, 2008, 13(2):128-157.

Segbers J, Schroeder S. How many words do children know? A corpus-based estimation of children's total vocabulary size[J]. Language Testing, 2016, 34:297-320.

Tardif T, Fletcher P, Liang W, et al. Baby's first 10 words [J]. Developmental Psychology, 2008, 44(4):929-938.

研究 5 守恒

一、研究背景

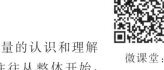

微课堂：
守恒实验

客观世界的各种事物都可以用量来衡量,幼儿对量的认识和理解是其抽象思维发展的显著标志。幼儿对客体的认识往往从整体开始,然后到可以感知的属性,如颜色、形状、大小等,最后是客体的数量属性,如长度、体积、重量及个数等。

皮亚杰认为概念的发展和守恒的掌握是儿童认知发展的最终阶段。守恒,指当客体的外表发生变化时,客体的数量属性仍旧保持不变。守恒任务的成功标志着儿童掌握了数量的抽象概念,同时守恒任务可以揭示儿童在前运算阶段的认知和思维特征。

守恒范式

经典的守恒范式分成四步:(1)给被试呈现两个一模一样的刺激,在知觉和数量上完全相等的标准刺激(A)和变化刺激(B)。(2)让被试判断两个刺激在数量上是否相等。(3)改变变化刺激(B→C)的外形但数量保持不变。(4)让被试比较变化刺激(C)和标准刺激(A)在数量上是否相等,并说明理由。例如"液体守恒"中(见图2-2),先给儿童呈现两杯一样的水,让儿童确认两边的水一样多,然后将其中一杯水倒入另一个杯子,最后,问儿童两边的水是否一样多,并说明理由。最经典的发现是,当刺激的外观发生变化后,未掌握守恒的儿童认为刺激的质量、体积或长度等数量属性也发生了变化。

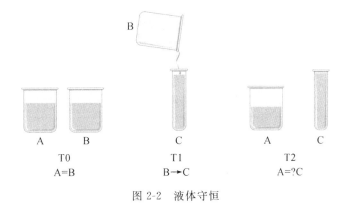

图 2-2　液体守恒

皮亚杰通过以上范式观察儿童在长度守恒、面积守恒、体积(容积)守恒、物质守恒、重量守恒、容积守恒等任务中的表现,发现多数 7～8 岁儿童不能通过以上任务,因此皮亚杰认为 7～8 岁以前儿童没有守恒概念。7～8 岁以后,儿童的思维达到了具体运算水平,他不仅能够回答"一样多",还能给出合适的解释。那么 4～7 岁的学龄前儿童为何不能通过守恒呢?是不是所有学龄前儿童都不能理解守恒?儿童要通过守恒任务,需要具备什么样的能力呢?研究者从儿童对守恒问题的回应中解答以上问题。

掌握守恒的必要条件

　　皮亚杰和早期的研究者(Elkind,1961a)将儿童对守恒问题(如"两杯水为什么不一样高?")的解释分成了四类:浪漫型、知觉型、具体型、抽象型。前两类解释是错误的,后两类解释则说明儿童已经掌握了守恒,如表 2-1 列出了儿童在守恒任务中给出的不同解释。无论理由是对是错,都能反映儿童的思维情况,这正是皮亚杰所倡导的研究方法——从儿童的错误回答中探索儿童的思维发展。

表 2-1　儿童在守恒任务中的不同类型解释

I. 浪漫型(5%)	II. 知觉型(81%)
就像漫腾上去的海浪	这个盖子比那个更大
因为我喜欢喝水	这个瓶子细,这个瓶子胖
因为我感觉不一样	因为它歪了
弯弯的像小龙虾一样	一个往后、一个往前
像隧道,我爸爸开到隧道里	一个往下、一个往上
它是毛毛虫,它是球	因为它被压扁了,它圆
像一瓣西瓜,捏过就少了	它长长的(香蕉形),它大大的(球)
III. 具体型(9%)	**IV. 抽象型(5%)**
这边变多了一点,但是前面都没有了	刚才是一样多,变了也一样
这边高了,也细了	因为刚才是一样长,变了还是一样长
倒回去就一样了	只是压扁了,还是一样多
这个弯了,拉直就一样了	
香蕉可以变回球	
没有加也没有减少	

　　浪漫型的回答答非所问,儿童的回答充满了想象和浪漫色彩,他们会说,"两边的水不一样多;因为我喜欢喝水;因为这杯水像漫腾的海浪;这两根线不一样长,因为弯弯的像彩虹"。通常,5%的学龄前儿童运用浪漫的想象回应守恒。这种思维模式在 3 岁左右比较常见,儿童还没有数量的概念,他们沉浸在自己的想象里。

　　知觉型的解释中,儿童意识到了知觉特征在变化,例如"另一个杯子的水多,因为高很多"。很明显,儿童意识到高度、位置、形状的变化,但是他们往往只关注到一个维度的变化。我们把这一类的解释称为"知觉型",这是学龄前儿童最常用的解释模式,占了81%。这个比例反映出学龄前儿童的思维受制于知觉属性。

第三类的解释是通过守恒的儿童给出的,他们可以给出很具体的解释,属于具体型。首先儿童注意到不同维度在同时变化,他们(儿童)感知到的差异可以等价弥补,例如"它变高了,但也细了",这是补偿性推理,同时也说明儿童具备了"去中心化"的能力,能够同时考虑同一个事物的多个维度。另外,部分儿童也关注到了守恒里面的转换过程,他们意识到变化是可逆的,"香蕉"可以变回"球",水可以从一个杯子倒回另一个杯子。这样的儿童获得了可逆性的概念,知道物体或状态转变的过程是可逆的。最后,也有儿童说,没有什么增加或减少,他们获得了恒等性(identity)的概念。皮亚杰认为,以上三种运算能力,即补偿性、可逆性、恒等性,是儿童获得守恒所需要的基本能力。具体型的解释在学龄前儿童中仅占9%。

第四类解释模式是抽象型,儿童开始理解数量属性是物体的一个本质属性,无论外观上发生什么变化,某个数量属性会保持不变,儿童会回答"刚才是一样的,变了也一样",这样的儿童具备了一定的抽象思考能力。这类儿童仅占学龄前儿童的5%。

定量思维的三个阶段

根据儿童对守恒问题的判断和解释,皮亚杰推测儿童的定量思维经历了3个阶段,守恒任务的成功标志着儿童进入定量思维发展的最后阶段。

第一阶段为整体概念阶段(global conception),儿童对数量有一个整体印象(即,量=整体),只能根据客体的整体状态判断质量、体积和重量等数量属性的差异。一旦客体的整体发生变化,儿童就认为客体的数量属性也跟着变了。如在物质守恒中,儿童认为"香蕉"和"球"是不同的东西,所以认为它们在质量、体积和重量上都有差异。当要求他解释时,他们通常难以解释清楚,或者只根据单一维度判断数量的变化,如"它变长了""它不一样了"。

第二阶段为直觉概念阶段(intuitive conception),儿童对数量属性有了区别印象,大致具有长度、宽度、重量等印象。但不能从两个纬度同时衡量数量属性的差别,如长—宽,长—窄等。在他们的区别印象中,"香蕉"比"球"更长且更细,他们不能解释这种矛盾。当要求他们解释时,通常也根据单一维度判断数量的变化。

第三阶段为抽象概念阶段(abstract conception),儿童将数量看作一个逻辑整体,对数量有抽象概念。他们意识到变化是可逆的,如"球"可以变成"香蕉"之后再变回"球";他们感知到差异可以等价弥补,如香蕉变长,但是宽度减小了,所以"球"和"香蕉"的质量保持不变;他们开始意识到同一个客体,外表无论如何改变,数量属性不会改变。因此根据客体的"可逆性""互补性"和"同一性",他们可以成功地完成守恒任务。

皮亚杰认为儿童一旦发现了守恒定律,这个定律就会外化,即儿童会形成一种印象,认为守恒是客体的一种知觉属性,即使客体在外观上改变,但是在数量属性上维持不变。

未掌握守恒的原因

但对于儿童为什么不能通过守恒，以上理论并不能给予充分的解释。

有研究者认为儿童并没有理解守恒任务。这一点已经被研究者否认，当经过变形的刺激恢复原样（例如水从量筒倒回杯子）时，未通过守恒任务的儿童又认为数量属性是一样的。他们会认识到这两个刺激依然是一样的，而且能意识到两个属性的改变，例如液体守恒中，高度增加了但宽度减少了。所以儿童是能够理解守恒任务的，那他们为何给出不守恒的答案呢？

其他研究者认为儿童被转换过程的外表误导了，有转变就意味着数量有改变。当研究者向儿童强调——是数量属性而非长度或者高度才是判断的关键，5 岁儿童也能够正确回答守恒问题（Gelman，1969）。

对数量属性的强调是重要的，但是数量属性的确和知觉属性有关，如果要建立对数量属性的稳定表征，必须理解这两者的关系。在直线排列中，长度与物体数量高度相关，一杯水的高度和它的量直接相关。物体长度的变化或者液体高度的变化，均与数量相关。守恒概念的理解并非简单地忽略长、宽、高等知觉维度，而是需要对这些维度之间的关系建立更稳定的心理表征，以及对数量属性更精确地理解。

皮亚杰认为守恒概念部分依赖长、宽、高、密度等的补偿性。然而很多未通过守恒任务的儿童已经能识别这种补偿。当液体高度增加时，儿童认识到宽度变窄了，但他们仍然不能通过守恒。所以理解补偿性并不能让儿童通过守恒。

守恒研究的其他发现

皮亚杰发现，儿童掌握不同守恒任务的时间存在年龄差异。儿童在 6 岁可以掌握数量守恒，7～8 岁已经掌握长度守恒，9～10 岁掌握重量守恒，体积守恒要到 11～12 岁才能掌握。早期国内外的大量研究支持了皮亚杰的发现（吕静，1981；Elkind，1961a）。皮亚杰将这种差异归因为数量概念本身，他认为有的概念需要儿童的抽象思考能力，需要儿童脱离具体操作，如重量和体积概念难以与儿童的动作和形象思维关联，因此停留在前运算阶段的儿童难以掌握重量守恒和体积守恒。而相比于重量和体积，长度更容易脱离儿童的动作抽象出来。因此，守恒的掌握和发展不仅取决于儿童的成熟，也和客体的数量属性有关（Elkind，1961b）。

皮亚杰的发现和理论多基于自然观察和实验。然而无论是他的观察还是实验，都不够系统和严谨，且未采用统计方法进行分析。后人采用了更严谨的实验方法（如标准化的实验环境、任务和过程）验证了皮亚杰的发现。本研究的目的是通过验证皮亚杰的系列经典守恒任务（长度守恒、物质守恒、液体守恒、数量守恒），了解学龄前儿童对不同数量属性的掌握情况和儿童思维发展的特点。

二、研究对象和材料

1. 研究对象:大班、中班、小班儿童各 20 名,男女各半。
2. 研究材料:等长线 2 条,同色橡皮泥 2 袋,杯子 4 个(其中两个等大,一个短粗,一个高细)。

三、研究程序

本研究包含三个子实验:长度守恒实验、物质守恒实验和液体守恒实验。实验过程中,要注意在被试间平衡三个子实验的顺序,子实验下面的 A 和 B 任务按照顺序做。

1. 长度守恒实验

A 任务

(1)主试将两根等长的线,平行并齐地放在桌上,让儿童确认是等长的。

(2)主试当着儿童的面将两根线错开。上下两根线向不同的方向各错开一次,并分别向儿童提问:"这两根线一样长吗？为什么?"让儿童比较它们是否一样长,并说明理由。

B 任务

(1)主试将两根等长的线并排放在桌上,让儿童确认是等长的。

(2)主试当着儿童的面将其中一根线弯曲起来接近半圆,然后问儿童:"这两根线一样长吗？为什么?"让儿童比较它们是否一样长,并说明理由。

2. 物质守恒实验

A 任务

(1)主试将橡皮泥做成 2 个相同的球放在儿童面前,让儿童确认这两个球是一样大的,橡皮泥一样多。

(2)主试当着儿童的面将一个球做成扁的球,然后向儿童提问:"这两个球的橡皮泥一样多吗？为什么?"让儿童对改变后的两个橡皮泥进行比较,并说明理由。

B 任务

(1)主试将扁球恢复原样,让儿童确认这两个球是一样的。

(2)主试当着儿童的面将一个球做成香蕉形,然后问儿童:"这两个球的橡皮泥一样多吗？为什么?"让儿童对改变后的两个橡皮泥作比较,并说明理由。

3. 液体守恒实验

A 任务

(1)主试将同样大小的两个杯子装满水,放在儿童面前,让儿童确认水一样多。

(2)主试当着儿童的面将其中一杯水倒入另一个高而细的杯中,然后向儿童提问:"这两个杯子里的水一样多吗？为什么?"让儿童比较杯子中的水是否一样多,并说明理由。

B 任务

(1)主试将同样大小的两个杯子装满水,放在儿童面前,让儿童确认水一样多。

（2）主试当着儿童的面将其中一杯水倒入另一个短而粗的杯子中,然后向儿童提问:"这两个杯子里的水一样多吗? 为什么?"让儿童比较杯子中的水是否一样多,并说明理由。

4.计分规则

长度、物质、液体三类守恒任务各包含两个子任务 A 和 B,都需要回答 4 个问题,每个问题正确回答占 1 分,错误为 0 分,每类任务总分 0～4 分,每位儿童完成所有任务需回答 12 个问题,总分 0～12 分。

根据皮亚杰的实验,一位儿童在某类守恒任务的平均得分≥0.75,则认为掌握守恒,得分在 0.5～0.75 则认为部分掌握,得分＜0.5 则未掌握守恒。如果某年龄段掌握守恒的人数达 75% 及以上,则认为该年龄段已掌握守恒。

四、结果分析

1.比较儿童在三类守恒上的得分和通过率。
2.比较不同年级儿童的得分和通过率。
3.比较不同性别儿童的得分和通过率。
4.比较不同年级儿童在三类守恒上的得分。
5.比较不同性别儿童在三类守恒上的得分。
6.比较不同年级儿童对守恒问题的解释比例。

五、讨论

1.解释儿童在不同守恒任务上的差异。
2.儿童在不同年龄阶段的思维变化情况和特点。
3.解释不同性别儿童的思维差异。

参考文献

吕静.4—9 岁儿童逻辑推理能力的研究——对 J. Piaget 某些实验的验证[J].心理学报,1981,13(1):32-36.

Elkind D. Children's discovery of the conservation of mass,weight,and volume:Piaget replication study Ⅱ[J]. The Journal of Genetic Psychology,1961a,98(2):219-227.

Elkind D. Quantity conceptions in junior and senior high school students[J]. Child Development,1961b,32(3):551-560.

Gelman R. Conservation acquisition:A problem of learning to attend to relevant attributes[J].Journal of Experimental Child Psychology,1969,7(2):167-187.

研究 6　词汇理解

一、研究背景

微课堂：
语言发展

语言是儿童成长和发展的重要组成部分,也是儿童学会的最复杂的规则系统之一。儿童语言发展是指儿童对母语的产生和理解能力的获得,包括语言理解和语言表达两个方面。其中,语言理解是指人们懂得各种语言材料(包括书面的和口头的)的能力(桑标,缪小春,1990),如阅读能力和表达能力。一般来说,儿童的语言理解总是先于语言表达(陈昌来,2007),6～9 个月的婴儿已经能够理解一些名词,虽然他们大多还不会说话(Bergelson & Swingley,2012)。儿童语言发展受到社会经济地位、家庭结构、母亲受教育年限以及生育第一胎的年龄等因素的影响(Beitchman et al.,2008)。

语言发展阶段

儿童语言能力的发展经历了两个阶段,前言语阶段和言语阶段。

前言语阶段:准备讲话

6 个月左右,婴儿出现了语言理解的萌芽。比如,当妈妈说"看苹果"时,婴儿的视线会指向苹果(Bergelson & Swingley,2012)。到了 10 个月,婴儿可以理解 10 个左右的表示人称、物体和动作的词(冯婉桢,2013)。大量理解性语言的积累为言语的发生做好了准备。

言语阶段

1 岁左右,婴儿开始说出第一批有真正意义的词,进入到语言发展的第二个阶段——言语阶段,这一阶段又分为单词句阶段、双词句阶段以及完整句阶段等(陈昌来,2007)。在单词句阶段(1～1.5 岁),儿童开始说出单个的词。在双词句阶段(1.5～2 岁),儿童把两个词以不同的方式组合在一起来表达语义。在完整句阶段(2 岁以后),儿童开始说出一些符合语法规则的完整句子。

随着年龄的增长,儿童习得了越来越多的词汇。婴儿每个月平均掌握 10 个新词,到了 1 岁半左右,婴儿就已经能够掌握 50 个左右的词(李宇明,1995)。1.5～2 岁期间,婴儿的词汇量以平均每个月 25 个新词的速度骤然增长,出现了"词语爆炸"的现象,2 岁时便可达到 300 个左右。由中央教育科学研究所幼儿教育研究室和北京、天津、山东等十个省、市协作进行的研究统计了 2000 余名 3～6 岁儿童在自然条件下的言语交往中所出现的常用词。该研究发现 3 岁时,儿童能理解 1000 个左右的词,3～4 岁时为 1700 个左右,4～5 岁时为 2500 个左右,5～6 岁时为 3500 个左右。

词汇理解

词汇理解是语言发展的核心,儿童对不同类型词汇的掌握情况呈现出一定的先后顺序。儿童词汇的习得大致可以分为以下四个阶段(Bates et al.,1994)。

在第一阶段,儿童开始习得词汇。这些词汇主要是社会词汇,例如,"爸爸""妈妈"等家庭成员的称呼。

在第二阶段,儿童开始大量学习名词。中国学步儿 50% 的词汇为名词(Hao et al.,2015)。英语和意大利语学步儿的词汇也以名词为主,占总词汇量的 50%(Caselli et al.,1995)。

第三阶段是谓词发展阶段。谓词包括动词和形容词,它们具有说明主语特性、状态的功能。中国学步儿习得的谓词占据 30%(Hao et al.,2015)。儿童所掌握的动词大多是形象而具体的,例如"飞""哭""吃",还有部分儿童能够说出"追""推"等及物动词。Caselli 等(1995)的研究表明,英语和意大利语学步儿掌握的动词约占 15%,形容词占 5%。

第四阶段是语法功能词汇发展的阶段。当掌握 300~500 个词时儿童开始说出一些功能词汇,例如,"必须""如果",它们能够帮助儿童更准确地表达意思,使儿童的语言开始表现出一定的逻辑性。

升入小学后儿童的词汇量还会进一步扩大。利用知道与否任务可以发现二年级德国小学生知晓的名词词元为 1795 个,多于动词(1679 个)和形容词(1286 个);三年级时名词数量达到 4718 个,而动词和形容词分别为 2284 个和 2002 个。到成年时德国人知晓 4 万多个名词,动词和形容词均为 1 万个左右(Segbers & Schroeder,2017)。

为什么儿童掌握的名词较多? 一个因素是名词具有更高的形象性(Mcdonough et al.,2011)。名词往往代表现实存在的物体,这些物体是可以不断触摸的,并且占据了一定的物理空间,而动作往往是转瞬即逝的(Tomasello,1992)。另一个因素是动词学习需要借助语法线索(Arunachalam & Waxman,2010)。27 个月时学步儿意识到及物动词和非及物动词描述的情景存在区别。当听到"He is going to moop her"时,67% 的儿童推测 moop 描述的是相互接触的动作;当听到"They are going to moop"时,57% 的儿童推测 moop 描述的是非接触的动作。而名词的学习大多不需要借助语法线索。

形容词同样比名词更难习得,因为它需要儿童注意到物体的特定属性。Sandhofer 和 Smith(2007)发现,教幼儿学习颜色词语是较为容易的,因为他们掌握的名词还比较少,倾向于将"This is a ××× one"中的生词解读为形容词,从而将它和物体的某一特征(颜色)对应起来。较大的孩子会结合语法线索学习形容词,例如"This is a ××× ball"中的生词修饰了一个名词,所以它应该是一个形容词,指代物体的某一特征。汉语的形容词也具有一些语法线索,例如作定语时常伴随"的"(红色的太阳),作谓语时常伴随"很"(我很开心)。

不同文化使用形容词和动词的习惯存在较大的差异,这可能是不同文化对自我和他人的描述存在差异的原因之一。西方个体喜欢使用形容词(Maass et al.,2006);当告知意大利被试一个行为描述后,被试倾向于通过形容词的形式将这条信息回忆出来。例如阅读了"喜欢运动"的描述后,意大利被试在回忆阶段倾向于写下"爱运动的"。而日本被试呈现出相反的趋势,他们倾向于用行为描述代替形容词。另一项研究也发现,韩国人在描述他人时较多地使用动词,澳大利亚人较多地使用形容词(Kashima et al.,2006)。

语言能力的研究方法

研究儿童语言能力的方法主要有日记研究法、临床法(包括自然观察法和实验法)、引导产生法和儿童语言测试量表。儿童语言测试量表是指心理学家通过一定程序编制的,以测试儿童的语言能力为目的,由一定数量测试题组成的量表(陈昌来,2007)。儿童语言测试量表从语言的理解和产生两个维度对儿童的构词(词法)、造句(句法)、词的意义和语词关系(语义)加以评定(桑标,缪小春,1990)。具体包括:用以评估儿童一般语言能力(词汇、语义、语法)的量表,如语言基础临床评估(Clinical Evaluation of Language Fundamentals,CELF);用以评估儿童单一维度的语言能力,如评估儿童语法能力的瑞斯/韦克斯勒早期语法损伤测评量表(Rice/Wexler Test of Early Grammatical Impairment,TEGI),评估儿童接受性语言能力的皮博迪图片词汇测验(PPVT);采用父母报告或自然观察法评估儿童语言表达能力,如麦卡锡沟通发展量表(the MacArthur Communicative Development Inventory,MCDI)。

其中,皮博迪图片词汇测验(PPVT)是最常见的,也是颇有影响力的儿童语言测试量表之一。PPVT采用图片与词汇匹配的测试方法进行个别施测,适用于2岁半至9岁的儿童,具有良好的信度和效度。该测验一共包括175张图片和对应的刺激词。刺激词一开始比较简单,包括常见的具体实物(如"车辆")或简单的动作(如"拔"),之后变得越来越难,刺激词是不常见的物体或者是抽象的概念(如"螺栓""憔悴")。

不过,也有研究者认为应谨慎解读PPVT测验分数和儿童语言能力之间的关系。他们认为PPVT是针对儿童接受性语言能力的测试,而这仅仅是儿童语言能力的某个维度,并不能反映儿童语言能力的全貌。并且提出若要全面地评估儿童的语言能力,必须做到:(1)既评估接受性语言能力,也评估表达性语言能力;(2)对语言能力的多个维度进行评估,涵盖词汇、语义、语法等各个方面;(3)评估语音短时记忆能力(Conti-Ramsden & Durkin,2012)。

本研究的目的是通过PPVT测验,了解儿童的词汇理解能力及语言能力的发展规律。

二、研究对象和材料

1. 研究对象:4～6 岁儿童,男女各半。
2. 研究材料:PPVT 图册,共 175 组黑白图片,每组 4 幅图片。因为涉及版权问题,PPVT 图册材料不能公开。

三、研究程序

采用个别施测,主试逐个地向被试展示图片并陈述词语。实验程序如下:

1. 练习阶段

(1)主试对儿童介绍任务:"小朋友,一会儿我们一起来看一些图片。你看,这张图片上画有四幅图画,过一会儿我要讲给你听一个词,你听了以后,仔细看这些图画,把其中跟我讲的词意思相同的那幅图画找出来,然后用手把它指给我看。如果你不知道或者不是很确定,也可以猜一个。"

(2)前面 5 组图片为练习,主试根据图片内容说词语,让儿童熟悉测评的方式和内容。

2. 正式测试

(1)根据儿童的年龄,确定起测点(详见表 2-8)。

(2)从各年龄段的起测点开始,若从此图片开始往后测能连续通过 8 张,则该起测图片即为计分起点,在起点之前的图片均算作通过得分。若从此图片开始不能连续通过 8 张,则跳到上一个年龄阶段的起测点,并重复此步骤。

(3)当儿童连续通过 8 张后,继续后面的测试,直到连续 8 张中有 6 张反应错误即停止,以最后一张作为终点,不再往下测。

(4)计算原始分数,计分规则见下文。记录每个词儿童回答正确和错误的情况,计算每个儿童的得分。

3. 计分规则

原始分数=终点序数-起点到终点之间的错误总数。

表 2-8　PPVT 各年龄段测试起点

月龄	岁	起测点
36 个月前	3 岁前	0
37～42 个月	3～3.5	10
43～48 个月	3.5～4	20
49～54 个月	4～4.5	30
55～60 个月	4.5～5	45

4.注意事项

(1)在说出测试词语时,主试只说词语本身,不附加其他词(如数量词),也不把词语组织到句子中去。

(2)词语用标准普通话念两遍,对于年龄较小的儿童,可以增加重复的次数。

(3)每个词的反应用时最多不超过30秒,如30秒内儿童不能做出选择,则按错误反应计。

四、结果分析

1.比较不同性别儿童的 PPVT 测试得分。

2.比较不同年龄儿童的 PPVT 测试得分。

五、讨论

1.不同性别的儿童在词汇理解水平的发展上是否存在差异?

2.儿童词汇理解水平随年龄变化的趋势是怎样的?

3.讨论 4～6 岁儿童词汇理解的发展规律。

参考文献

陈昌来.应用语言学导论[M].北京:商务印书馆,2007.

冯婉桢.学前儿童语言教育[M].郑州:郑州大学出版社,2013.

李宇明.儿童语言的发展[M].武汉:华中师范大学出版社,1995.

桑标,缪小春.皮博迪图片词汇测验修订版（PPVT—R）上海市区试用常模的修订[J].心理科学通讯,1990(5):22-27.

Arunachalam S,Waxman S R. Meaning from syntax:Evidence from 2-year-olds[J]. Cognition,2010,114(3):442-446.

Beitchman J H,Jiang H,Koyama E,et al. Models and determinants of vocabulary growth from kindergarten to adulthood[J]. Journal of Child Psychology and Psychiatry, 2008,49(6):626-634.

Bates E,Marchman V,Thal D,et al. Developmental and stylistic variation in the composition of early vocabulary[J]. Journal of Child Language,1994,21(1): 85-123.

Bergelson E,Swingley D. At 6-9 months,human infants know the meanings of many common nouns[J]. Proceedings of the National Academy of Sciences,2012,109 (9):3253-3258.

Caselli M C，Bates E，Casadio P，et al. A cross-linguistic study of early lexical development[J]. Cognitive Development，1995，10(2)：159-199.

Conti-Ramsden G，Durkin K. Language development and assessment in the preschool period [J]. Neuropsychology Review，2012，22(4)：384-401.

Hao M，Liu Y，Shu H，et al. Developmental changes in the early child lexicon in mandarin chinese[J]. Journal of Child Language，2015，42(3)：505-537.

Kashima Y，Kashima E S，Kim U，et al. Describing the social world：How is a person，a group，and a relationship described in the east and the west？[J]. Journal of Experimental Social Psychology，2006，42(3)：388-396.

Maass A，Karasawa M，Politi F，et al. Do verbs and adjectives play different roles in different cultures？A cross-linguistic analysis of person representation[J]. Journal of Personality & Social Psychology，2006，90(5)：734.

Mcdonough C，Song L，Hirsh-Pasek K，et al. An image is worth a thousand words：Why nouns tend to dominate verbs in early word learning[J]. Developmental Science，2011，14(2)：181-189.

Sandhofer C，Smith L B. Learning adjectives in the real world：How learning nouns impedes learning adjectives[J]. Language Learning and Development，2007，3(3)：233-267.

Segbers J，Schroeder S. How many words do children know？A corpus-based estimation of childrens total vocabulary size[J]. Language Testing，2017，34(3)：297-320.

Tomasello M. First verbs：A case study of early grammatical development[M]. Cambridge：Cambridge University Press，1992.

研究 7　词汇学习

一、研究背景

在词汇学习的过程中,儿童需要认识到同一类的物体拥有相同的名字。儿童在学习了一个物品对应的名词后倾向于将此物品的名字泛化到其他与此物形状相同的物体上,这就是语言学习的形状偏好现象。

Landau,Smith 和 Jones(1988)最早通过词汇拓展任务发现了形状偏好现象。如图 2-7 所示,在实验的学习阶段,主试向 3 岁儿童呈现一个标准物体,并告诉儿童"This is a Dax",这里的 Dax 是一个无意义的单词。在测试阶段,主试依次呈现几个测试物体,儿童需要判断测试物体是否是 Dax。实验发现绝大多数儿童认为和标准物体形状一致的物体是 Dax,即使它的大小或纹理与标准刺激不同。

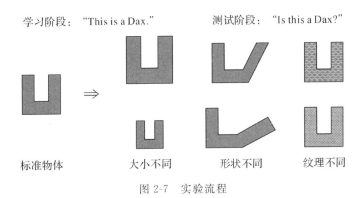

学习阶段:"This is a Dax."　　　测试阶段:"Is this a Dax?"

标准物体　　　　大小不同　　　　形状不同　　　　纹理不同

图 2-7　实验流程

▎注意学习观点

Colunga 和 Smith(2008)提出注意学习观点来解释形状偏好。该观点认为儿童能够觉察到语言和物体之间的共变关系,将注意投放到物体的不同特征以寻找命名规律。传统观点认为人类的心理过程可以分为"感觉—认知—行为"三个阶段,个体先通过感觉器官从外界接收信息,而后对其进行认知加工,最后产生某种行为。视觉和听觉属于感觉部分,而知识属于认知部分,它并不依赖于视觉、听觉等感觉通道,而是以命题的形式存在于我们的头脑中,如"橘子是一种橘黄色的球形水果"。从这点看,知识和感觉、行为等部分是分离的,我们将"橘黄色""球形"等信息通过非视觉的形式输入到头脑中,可以拼凑出"橘子"的概念。

而注意学习观点认为,知识是嵌入在心理过程中的,它与感觉通道和行动紧密联系在一起,没有清晰的界限。知识不仅仅是一些相对固定的命题,而且是贯穿于整个心理过程的。如果没有"橘黄色"和"球形"等视觉输入,机体无法获得"橘子"的概念。在此过程中我们的注意系统不断地在物体的属性、特征和维度之间切换,以便提取外界环境蕴含的规律。

注意学习观点认为儿童的词汇学习可以如此解读:

1. 环境包含了语言、物体属性和类别的共变信息。例如,来自听觉通道的"橘子"属于语言信息,这些语言信息和"橘黄色""球形"等物体属性常常同时出现,而"橘子"这一个物体属于"水果"这个更大的类别。

2. 儿童习得环境中的上述规律。这包括简单的规律,如"橘子是一种橘黄色的球形水果"。更重要的是儿童也习得了更复杂的规律,例如,有棱角的物体(如方形和五角星)主要因为形状不同而被赋予不同的名字,有眼睛的事物(如不同种类的鸟)的命名需要依据多个特征(颜色、外形、纹理)。

3. 在判断新物体的名字时,儿童的注意力被自动地引导至相关的知觉和语言线索上,这使得他们知道应该采用何种方式命名面前的新物体(只依靠形状还是依靠多种特征)。

形状偏好和词汇学习

对于形状偏好和词汇学习的关系,注意学习观点认为随着词汇量的增长,儿童逐渐表现出形状偏好,这一观点得到了追踪研究的支持(Gershkoff-Stowe & Smith,2004;Tek et al.,2008)。Gershkoff-Stowe 和 Smith(2004)请 8 名婴儿的父母记下婴儿平时说出的新词语,自婴儿能够说出一些名词起,父母每隔三周带婴儿到实验室完成词汇拓展任务。结果发现,当婴儿能够说出 51~100 个名词时,他们在词汇拓展任务中表现出了形状偏好。此外,研究者计算了婴儿每周新学会的可数名词数量,发现它与形状偏好显著正相关。在一项训练研究中,研究者教 17 个月大的婴儿学习大量不同形状物体的名字,在为期 8 周的教学后,婴儿表现出了形状偏好(Smith et al.,2002)。

对语言发育异常儿童的研究也表明形状偏好和语言能力存在密切关联。特殊语言障碍是指认知、社会情感和感觉存在缺陷且语法学习存在困难、语言发展明显迟缓的一类人群,他们直到 3~4 岁还未表现出形状偏好(Collisson et al.,2015)。例如,自闭症儿童的感觉和语言能力存在异常,自闭症学步儿的词汇量虽然保持增长,但并未表现出形状偏好(Tek et al.,2008)。Field,Allen 和 Lewis(2015)使用选择任务,让儿童从 3 个测试物体中选出"Dax",结果发现高言语智商的自闭症儿童表现出形状偏好,低言语智商的自闭症儿童未表现出形状偏好。这说明自闭症儿童的形状偏好比正常儿童有所延迟,只有高言语智商的自闭症儿童才会利用形状线索学习新词汇。

语言学习不仅仅需要听觉通道的输入,还需要视觉通道的输入,形状偏好也强调视觉的重要作用。配对视觉刺激的学习能力是个体将图像和另一个图像相匹配、建立联系的能力,它能够解释特殊语言障碍儿童和普通儿童形状偏好的差异,其解释力度超过了社会经济地位和言语智商(Collisson et al.,2015)。这与注意学习理论相符,形状偏好来源于儿童对于视觉和语言信息之间统计规律的觉察,特殊语言障碍儿童联结学习的能力较弱,所以未能形成形状偏好。

形状偏好的边界条件

并非所有的视觉刺激都会引发形状偏好,当给物体画上眼睛时(如图2-8所示),儿童的形状偏好消失了,他们会同时依据形状相似性和纹理相似性判断测试物体的名字(Jones,Smith & Landau,1991)。对于非固体的物体(如海绵),儿童也未表现出形状偏好,而是表现出材质偏好(Soja,Susan & Spelke,1991)。

图2-8　有眼睛的物体(采自 Jones,Smith & Landau,1991)

儿童还会根据创作者的意图决定是否依据形状命名(Diesendruck,Markson & Bloom,2003)。实验采用的材料包括一个标准物品和两个测试物品。如图2-9,中间是名叫"Dax"的标准物品,左边的测试物品形状和标准物品相同,右边的测试物品材质和标准物品相同。在测试前主试向儿童展示形状匹配的测试物品可以打开来盛放标准物品,这样儿童认识到这个形状相似的物品原来是容器。在随后的选择任务中,儿童需要在两个测试物品中选择叫作"Dax"的物体,结果发现儿童的形状偏好消失了,近一半儿童把材质相同的测试物品也当作 Dax。

图2-9　实验材料(采自 Diesendruck,Markson & Bloom,2003)

虽然形状偏好存在着种种边界条件,但有研究发现儿童并不总是遵循这些边界条件。我们知道,形状偏好有利于人们对坚硬固体进行命名,但它未必适用于可变形材料的命名(如纸张、垫子)。对于可变形材料而言,材质或许比形状更重要。但3岁儿童对于可变形材料依然表现出形状偏好,而 2 岁和 4 岁儿童则没有(Samuelson et al.,2008)。这种在发展过程中短暂地将形状偏好过度泛化到可变形材料上的现象与语言学习过程中的"过度规则化"现象十分相似。

不同语言使用者的形状偏好

根据沃尔夫假设,语言塑造着我们对于外界事物的认识。不同语言的使用者对于物质的认识不同,使得形状偏好在英语国家、拉丁语系国家、东亚国家存在不同。英语强调可数名词和不可数名词的区别,例如,瓶子是可数的,水是不可数的。可数名词具有复数形式和单数形式,不可数名词不具备复数形式。此外,英语使用"many/few"修饰可数名词,使用"much/little"修饰不可数名词。然而,许多语言都没有像英语那样严格地区分可数和不可数名词。在西班牙语中,一个物品(如面包)既可以被看作是不可数的,也可以被看作是可数的,使用者只需要在使用时采用对应的单复数形式即可。韩语、日语和汉语的名词则不存在复数形式。研究表明,1~3 岁西班牙儿童在选择任务上的形状偏好弱于英国儿童,他们能说出的和形状有关的名词也比英国儿童少(Hahn & Cantrell,2012)。一项研究考察了居住在美国迈阿密的 3~5 岁儿童的形状偏好(Mueller & Min,1997)。主试先向儿童展示标准物品的形状(类似于杯盖)或是功能(可以变色),然后让儿童完成选择任务。实验发现,强调功能时西班牙语儿童和英语儿童比韩语儿童表现出更强的形状偏好;强调形状时三组儿童无显著差异。这两个研究说明不同语言使用者的形状偏好存在程度上的差别,西班牙语使用者的形状偏好比英语使用者更晚表现出来,而韩语使用者的形状偏好在某些情境中弱于前两类语言使用者。

汉语使用者的形状偏好与英语使用者存在微小差异(Subrahmanyam & Chen,2006)。这项研究在美国洛杉矶招募了汉语使用者和英语使用者,考察他们在词汇命名任务上的表现。实验采用了一个外形有棱角的标准物品和另一个外形光滑的标准物品。测试物品的材质分为固体材料(松脂和木头)、流体材料(胶水和盐)、可变形的固体材料(钢丝绒垫和棉)。测试时,主试问儿童"这是不是××?"实验发现说汉语的 3 岁儿童表现出形状偏好,4 岁儿童和成人表现出材质偏好;说英语的 3 岁儿童、4 岁儿童和成人都表现出形状偏好。

使用选择任务的研究得到了类似结论(Li,Dunham & Carey,2009)。一项研究选择复杂固体、简单固体和非固体作为标准物品,发现对于复杂固体(如塑料夹),说汉语的成人比英语使用者表现出更弱的形状偏好;对于简单固体(如木塞),说汉语的成人比英语使用者表现出更强的材质偏好;而说英语和汉语的成人都对非固体表现出材质偏好。

本研究旨在探索 4~6 岁中国儿童的形状偏好发展规律。

二、研究对象和材料

1.研究对象:4～6 岁儿童,男女各半。

2.研究材料:包含 1 张标准图片和 3 张测试图片(详见附录 7)。每张测试图片的形状、颜色或纹理和标准图片相同,其他维度和标准图片不同。因此,1 张图片的纹理和标准图片相同,1 张图片的形状和标准图片相同,1 张图片的颜色和标准图片相同。

三、研究程序

1.学习阶段

主试向儿童呈现标准图片,并对儿童说:"小朋友,你来看这张图片,这是一个 Qiqi,你听懂了吗?"确认儿童明白之后,收起标准图片。

2.测试阶段

主试向儿童同时呈现三张测试图片,并对儿童说:"你来看这些图片,哪一个是 Qiqi?"

3.计分规则

根据儿童的回答进行记录。在记录表(见附录 7)的选择一栏中,选择形状相同的计为 1,选择颜色相同的计为 2,选择纹理相同的计为 3。在得分一栏,选择形状相同的计为 1,其他回答计为 0。

四、结果分析

1.比较儿童的形状偏好是否随年龄发生变化。

2.结合 PPVT 的数据,将儿童分为高言语智商组和低言语智商组,考察两组儿童的形状偏好有无个体差异。

五、讨论

1.学前儿童是否表现出形状偏好?

2.学前儿童的形状偏好是否持续发展?

3.言语智商不同的儿童形状偏好是否不同?

4.本研究使用图片而非实物作为实验材料,结果和以往的研究一致吗?

5.如果希望检验中国儿童的材质偏好,应如何设计实验?

参考文献

Collisson B A, Grela B, Spaulding T, et al. Individual differences in the shape bias in preschool children with specific language impairment and typical language development: Theoretical and clinical implications [J]. Developmental Science, 2015, 18 (3): 373-388.

Colunga E, Smith L B. Knowledge embedded in process: The self-organization of skilled noun learning[J]. Developmental Science, 2008, 11(2): 195-203.

Diesendruck G, Markson L, Bloom P. Children's reliance on creator's intent in extending names for artifacts[J]. Psychological Science, 2003, 14(2): 164-168.

Field C, Allen M L, Lewis C. Attentional learning helps language acquisition take shape for a typically developing children, not just children with autism spectrum disorders[J]. Journal of Autism & Developmental Disorders, 2015, 46(10): 3195-206.

Gershkoff-Stowe L, Smith L B. Shape and the first hundred nouns[J]. Child Development, 2004, 75(4): 1098-1114.

Hahn E R, Cantrell L. The shape-bias in spanish-speaking children and its relationship to vocabulary[J]. Journal of Child Language, 2012, 39(2): 443-455.

Jones S S, Smith L B, Landau B. Object properties and knowledge in early lexical learning[J]. Child Development, 1991, 62(3): 499-516.

Landau B, Smith L B, Jones S S. The importance of shape in early lexical learning[J]. Cognitive Development, 1988, 3(3): 299-321.

Li P, Dunham Y, Carey S. Of substance: The nature of language effects on entity construal[J]. Cognitive Psychology, 2009, 58(4): 487-524.

Mueller Gathercole V C, Min H. Word meaning biases or language-specific effects? Evidence from English, Spanish and Korean[J]. First Language, 1997, 17(49): 31-56.

Samuelson L K, Horst J S, Schutte A R, et al. Rigid thinking about deformables: Do children sometimes overgeneralize the shape bias? [J]. Journal of Child Language, 2008, 35(3): 559-589.

Smith L B, Jones S S, Landau B, et al. Object name learning provides on-the-job training for attention[J]. Psychological Science, 2002, 13(1): 13-19.

Soja N N, Carey S, Spelke E S. Ontological categories guide young children's inductions of word meaning: Object terms and substance terms[J]. Cognition, 1991, 38(2): 179-211.

Subrahmanyam K, Chen H N. A cross-linguistic study of children's noun learning: The case of object and substance words[J]. First Language, 2006, 26(2): 141-160.

Tek S, Jaffery G, Fein D, et al. Do children with autism show a shape bias in word learning? [J]. Autism Research, 2008, 1(4): 208-222.

第 3 章　自我与社会认知

　　"认识你自己",这是镌刻在阿波罗神殿上的箴言。早在婴幼儿时期,个体便已踏上了探索自我的征程。在照镜子时,小婴儿会好奇地用手触摸镜子。镜子中的小人是谁?他们发现:如果自己张一张嘴、皱一皱眉、踢一踢腿,镜子中的小人也会跟着自己龇牙咧嘴、手舞足蹈。慢慢地,他们意识到:原来镜子中的小人就是"我"。

　　性别角色认知也是个体自我认识的一个重要议题。"我是男孩还是女孩?""男孩/女孩长大后会变成爸爸还是妈妈?""如果我穿了裙子,我会变成女孩吗?"……儿童对于这些问题的回答,反映出他们对于性别认同、性别稳定性、性别一致性的认识。

　　除了认识自我,个体对他人的认识也在不断地发展。在社会互动的过程中,个体需要推测他人的愿望、信念和观点等心理状态,而心理理论正赋予了个体这种能力。年幼儿童总是以为他人的想法和自己的想法是一样的。这体现在他们"自我中心式"的语言中,也体现在他们和他人的日常互动中,比如儿童在为妈妈挑选礼物时,他们会挑选自己喜欢的而不是妈妈喜欢的礼物。通过不断地模拟他人的心理状态,儿童逐渐认识到:对于同一个事物,他人可以和自己形成不同的心理表征。此外,儿童也逐渐学会采择他人的观点,从他人的视角来思考问题。

　　儿童在了解自我和他人的同时,也在学习控制自己的行为。自我调控能力对个体的能力和社会关系的发展具有重要价值。延迟满足是自我调控的主要成分,是个体为了更有价值的长远目标而放弃当前满足的选择,以及在等待过程中展示的自我控制能力。有研究发现,在小时候能够自我延迟满足的儿童,在成年后往往学业更优秀,和他人的关系更和谐,应对挫折和压力的能力也更好。

自我概念

　　自我意识的发展对儿童具有重要的意义。它能够促进儿童的自传体记忆的发展:从儿童拥有自我意识的那一刻起,他们经历的人、事、物都刻上了和"我"有关的烙印(Howe,Courage & Edison,2003)。它也能够促进儿童的自我调节,促进道德认知和道德情感的发展,有效激发亲社会行为。

57

自我概念是自我意识的认知成分。研究者通常采用问卷法和访谈法测量儿童的自我概念。通过自我概念的开放性访谈,对儿童描述自我的语句进行编码分析,研究者发现:在学前期,儿童的自我概念是很具体的。他们对于自我的描述主要集中在名字、外貌、拥有物和典型行为等一些看得见的特征上,而很少涉及心理特征。比如,一位幼儿园的小朋友这样描述自己:"我叫花花,我今年 5 岁,我有一只小狗,我喜欢吃草莓,我会画画。"到了童年中期,儿童开始用辩证的眼光看待自己,他们会同时关注自己的优点和缺点。而且个体的自我概念更加强调稳定的人格特质。从童年中期到青少年期,个体的自我概念更加抽象化,他们在自我描述的时候可能会用到"佛系""纠结"这样的词。

本章的第一个研究将通过自我概念的开放性访谈,来了解学前儿童自我概念的发展。

■ 性别角色认知

我们多数人都非常确定自己的性别,一般来说我们的性别在一生中也不会发生改变。那么儿童在什么时候开始知道自己的性别呢? 他们如何理解性别概念呢?

性别概念的发展包括性别认同、性别稳定性和性别一致性的发展。性别认同指个体对自己和他人性别的正确标定;性别稳定性指个体对于人在一生中性别保持不变的认识;性别一致性则是指个体对于人的性别不会因为其外表(如发型、衣着)和活动的改变而改变的认识。儿童对于性别认同、性别稳定性和性别一致性的认识反映了他们性别角色认知的发展过程。

研究者通过给儿童呈现男孩和女孩的图片或录像,以提问的方式探测儿童的性别角色认知。如果问 2～3 岁的儿童"你是男孩还是女孩",他们可能会给出让人啼笑皆非的答案。年幼儿童认为自己的性别是可以改变的。比如男孩认为自己长大后可以成为妈妈,如果自己穿了女孩的衣服、玩了女孩的玩具,就会变成女孩。随着年龄的增长,儿童经历了性别认同、性别稳定性、性别一致性三个发展阶段,逐渐建立起性别角色认知。

本章的第二个研究将通过访谈,了解儿童对自己和他人的性别角色的认识。

■ 心理理论

心理理论(theory of mind)是指个体对自我和他人的愿望、情感、信念等心理状态的认知,以及通过心理状态来解释和预测他人行为的能力。

心理理论最早的研究起源于 Premack 和 Woodruff(1978)对黑猩猩是否具有心理理论的探讨。在实验中,名为 Sarah 的黑猩猩观看一系列视频。视频中的人物正面临一些困境(如这个人物很饿,但是香蕉在他够不到的地方)。之后研究者给黑猩猩呈现一组图片,其中的一张图片呈现了问题的解决方法。结果发现,Sarah 成功地选择了解决问题的图片。这被认为是黑猩猩能够意识到视频中人物的心理状态(意图)的证明。

黑猩猩真的具有心理理论吗? 一些研究者提出了质疑。他们认为由于黑猩猩的信念和视频中人的信念是一致的,所以黑猩猩的反应有可能是基于对自身信念而非对他人心理状态的表征。研究者指出,若要探测个体是否具有心理理论,关键在于证明个体能否认识到他人具有不同于自己的信念。在这种思想的指导下,Wimmer 和 Perner (1983)设计了第一个儿童错误信念范式:意外地点任务。研究者向儿童讲述"Maxi 和巧克力的故事":Maxi 把巧克力放在绿色的橱柜里,然后出门去玩了。之后他的妈妈把巧克力从绿色的橱柜里拿出来,放在了蓝色的橱柜里。听完故事后,儿童需要回答"Maxi 回来后,他会去哪里找巧克力?"在该任务中,儿童持有关于物体所在位置的正确信念(蓝色橱柜),而主人公持有该物体所在位置的错误信念(绿色橱柜)。为了正确预测主人公的行为,儿童需要根据主人公的信念,而非自己的信念做出判断。

通过上述范式,研究发现 4 岁是儿童通过心理理论任务的分水岭。然而一些婴幼儿的研究却发现 15 个月婴儿就已经具备一定的心理理论能力。既然婴儿就已经对心理理论有了一定的认识,为什么 4 岁以下的儿童仍然无法通过心理理论任务?是因为他们认知能力的限制,还是因为针对儿童的实验范式过于困难(比如对儿童的语言能力有一定的要求)?对于这个问题,研究者各执己见。一些研究者认为在婴儿身上发现的所谓的"心理理论能力"其实并不涉及对他人心理状态的表征,婴儿在这些任务中的表现可以用更简单的、低水平的机制来解释;一些研究者则认为个体在婴幼儿时期就已经具备了内隐的心理理论知识,随着认知能力的发展,直到 4 岁左右,儿童外显的心理理论才表现出来。

本章的第三个研究将通过经典研究意外地点任务,了解儿童心理理论的发展。

观点采择

观点采择(perspective taking)指"站在他人的眼里看世界",它强调知觉经验在认识他人观点中的作用,是构成心理理论的基础成分。观点采择分为两类,一级观点采择和二级观点采择。一级观点采择考察的是个体对于"是否能够看到某物"的认识,二级观点采择考察的是个体对于"某物在不同的人看来是如何的"的认识。

对儿童观点采择能力的探讨始于皮亚杰的三山实验。在描述他人眼中的"三山"时,年幼儿童总是从自我的视角出发,而年长儿童则会跳脱出自我视角的限制,从他人的视角出发。皮亚杰从认知发展的角度解释儿童观点采择能力的发展,认为儿童的这些表现体现了他们从前运算阶段到具体运算阶段,思维逐渐去自我中心化的变化发展过程。后续研究者对实验范式加以简化,设计出如乌龟任务、滤色镜任务等范式,在更小年龄的儿童身上发现了观点采择能力。这在一定程度上挑战了皮亚杰关于儿童采择能力发展的论断。

观点采择实验范式的革新,不断地把儿童获得观点采择能力的时间点提前,试图揭示个体到底在何时会获得观点采择能力。观点采择能力的获得意味着儿童不再禁锢于单一的自我视角:他们不仅认识到自我和他人的视角的不同,可以从多个视角观察物理世界,还可以在不同的视角之间进行灵活切换。

本章的第四个研究将通过经典的三山实验,探讨学龄前儿童的观点采择能力。

延迟满足

在延迟满足能力的经典研究——棉花糖实验中（Mischel，Ebbesen & Raskoff，1972），研究者告诉儿童他们可以选择立即吃桌上的棉花糖，也可以选择等一会儿再吃。如果选择现在吃，他们只能得到 1 个棉花糖，如果选择等会儿再吃，他们可以得到 2 个棉花糖。学龄前儿童很难抵制住棉花糖的诱惑。随着年龄的增长，儿童延迟满足的能力不断提高，这和儿童行为调节策略（如分心策略、将诱惑物抽象化、冷静聚焦策略）的掌握有关（Mischel，Shoda & Rodriguez，1989）。

Mischel 等（2011）对这批孩子进行了多年的追踪，结果发现：4 岁时能够抵制住棉花糖诱惑的孩子，青春期更有竞争力和有更好的学习成绩，成年后有更高的教育水平和社交能力，中年时大脑前额叶皮层更加活跃。

儿童在棉花糖实验中的表现能够有效预测其 40 年后的成就，这也是为什么棉花糖实验这么多年来仍然为人所津津乐道。一颗小小的棉花糖真的有这么大的"魔力"吗？后续的研究者认为应当谨慎解读棉花糖实验的结果：儿童抵制不住棉花糖的诱惑并不一定意味着其延迟满足能力较弱，这和奖励物对儿童的吸引力较弱、儿童对未来有着不确定的预期以及儿童对主试的信任感较低等因素也有一定的关系（Kidd，Palmeri & Aslin，2013；Bourne，2014）。

本章的最后一个研究将重复 Mischel 的经典实验，探讨儿童延迟满足能力的发展。

 参考文献

Bourne M. We didn't eat the marshmallow. The marshmallow ate us[J]. New York Times Magazine，2014.

Howe M L，Courage M L，Edison S C. When autobiographical memory begins[J]. Developmental Review，2003，23(4)：471-494.

Kidd C，Palmeri H，Aslin R N. Rational snacking：Young children's decision-making on the marshmallow task is moderated by beliefs about environmental reliability[J]. Cognition，2013，126(1)：109-114.

Mischel W，Ebbesen E B，Raskoff Z A. Cognitive and attentional mechanisms in delay of gratification[J]. Journal of Personality and Social Psychology，1972，21(2)：204.

Mischel W，Shoda Y，Rodriguez M I. Delay of gratification in children[J]. Science，1989，244(4907)：933-938.

Premack D，Woodruff G. Does the chimpanzee have a theory of mind? [J]. Behavioral and Brain Sciences，1978，1(4)：515-526.

Wimmer H，Perner J. Beliefs about beliefs：Representation and constraining function of wrong beliefs in young children's understanding of deception[J]. Cognition，1983，13(1)：103-128.

研究 8　自我概念

一、研究背景

什么是自我概念？不同的学者持有不同的观点。开创"自我概念"研究先河的心理学家 William James(1890)认为，自我分为两个部分：主体自我和客体自我。主体自我是经验的自我，包括了个体对自我连续性的感觉、个体对自身独特性的认识、个体的控制感和自省。客体自我是作为认识对象的自我，包括物质自我、社会自我和精神自我。

Cooley(1902)认为"自我概念"不仅是个体的产物，也是社会的产物。因此，他提出了"镜像自我"的概念，从社会性的角度刻画自我概念的形成过程：个体在与他人的社会互动过程中，以他人为镜。通过他人对自己的反应和评价，看到"镜中自我"，从而形成自我概念。随着研究的深入，学者对"自我概念"的认识逐渐由单维转向多维度结构。Shavelson 等(1976)提出了自我概念多维层次模型，认为自我概念是一个从一般自我概念到特殊的或者领域的自我概念的层级结构：第一层是一般自我概念，第二层是学业自我概念和非学业自我概念。其中学业自我概念又细分为具体学科的自我概念，如语文、数学、科学等自我概念；非学业自我概念又包括社会的、情绪的和身体的自我概念。层层自下而上作用，最终对个体自我认知的理解产生影响。

研究方法

研究者一般通过自我报告法研究个体的自我概念，包括问卷法和访谈法。

问卷法

以自我概念结构的模型为理论依据，学者设计了各种自我概念量表。

Piers 和 Harris(1969)编制了 Piers-Harris 儿童自我概念量表(Piers-Harris Children's Self-concept Scale，PHCSS)，考察 8～16 岁儿童的自我概念状况。该量表包含行为、智力与学校情况、躯体外貌与属性、焦虑、合群、幸福与满足六个分量表，要求儿童对自陈式内容(如"我是一个幸福的人")做出"是"或"否"的回答。

依据自我概念多维层次模型，Marsh 等(1983)编制了自我描述问卷(Self-Description Questionnaires，SDQ)、Song 和 Hattie(1984)编制了 Song-Hattie 儿童自我概念量表。最初编制的 SDQ I 从身体能力、外表、同伴关系、亲子关系、阅读、数学以及一般学业能力这七个维度考察青春期前学生的自我概念。其中，身体能力、外表、同伴关系和亲子关系对应理论模型中的"身体自我概念"和"社会自我概念"；阅读、数学以及一般学业能力自我概念则对应理论模型中的"学业自我概念"。之后，Marsh 等(1989)又编制了 SDQ II 和 SDQ III，分别适用于测量青春期学生和成人的自我概念。

Song 和 Hattie(1984)将学业自我概念进一步划分为成就自我概念、能力自我概念和班级自我概念;非学业自我概念划分为社会自我概念(包括家庭、同伴)和自我表现自我概念(包括身体、自信)。其中"自我""能力""班级"3 个子量表构成 Song-Hattie 儿童自我概念量表中的"学业自我概念分量表","家庭""同伴""身体""自信"4 个子量表构成"非学业自我概念分量表"。

Harter(1985)指出,应当根据个体自我概念发展的特点编制相应的量表。例如,他认为学龄前儿童的自我概念由认知能力、身体状况、同伴认同和行为成果构成,而学龄儿童的自我概念则由学术能力、艺术能力、同伴社会认同、行为成果、身体状况、一般自我价值构成。Harter 根据各年龄阶段个体的自我概念成分,编制了 5 种测量问卷,分别适用于学龄前儿童、学龄儿童、青春期学生、大学生和成人。

访谈法

Hart 等(1986)采用临床访谈法探讨儿童和青少年的自我概念的发展。研究者以开放性的方式向被试提问,如"你能说说你自己吗?""你是什么样的人?"根据研究者的需要,可以采用更具体的提问方式,如"你和家人(朋友)在一起是什么样的?""你觉得 5 年之后你是什么样的?""你觉得你每年会有什么变化吗?"在被试给出回答后,研究者继续追问,直到被试无法回答某个特质对自己的意义或者为什么这个特质对自己而言很重要。例如,在儿童回答"我觉得自己是友好的、是很酷的"之后,研究者继续提问"对你来说,友好意味着什么? 为什么酷对你来说很重要?"

与问卷法相比,该方法的优点在于(Hart & Edelstein,1992):个体可以通过使用自己的语言,从自己的视角对自我进行描述,而非局限于量表的固定题目或从量表编制者选定的自我概念的维度进行回答。临床访谈法还提供了更多的语义背景信息,帮助研究者更好地理解儿童自我概念的构成。例如,一个儿童说"我是一个害羞的人,因为我觉得自己唱歌很差劲",另一个儿童说"我很害羞,但我不喜欢自己害羞,因为这样我的同学会嘲笑我"。虽然两个儿童都是在形容自己"害羞"的特质,但是在不同的语境中语义不同:前一个儿童是从能力的角度对自我进行描述,而后一个儿童是从社会关系的角度来描述。根据 Harter 的理论,这两个儿童处于自我概念发展的不同阶段。

自我概念的发展

儿童的自我概念是如何发展的呢? Harter(2015)总结了西方国家儿童自我概念的发展特点。

童年早期(3～4 岁)

从表述的内容看:(1)儿童只能描述自我可观察到的行为和特征,将自己理解为相互分离的类别属性。例如身体属性("我有长头发")、活动属性("我看过小马过河")、社会属性("我有一个弟弟")、心理属性("我感到开心")。(2)儿童会花大量时间描述自己的偏好和拥有的玩具,例如"我喜欢玩搭积木""我有电话手表"。(3)儿童的自我表征依赖于行为的发生,在描述时很可能伴随一些行为演示。例如当儿童说"我会跳舞"时,他们可能会突然跳起舞来。

从组织方式看:(1)儿童主要用具体的行为来定义自己,但还不会概括。例如,儿童在自我介绍时会说"我会跑、会跳",但是他们不会说"我擅长运动"。(2)儿童无法整合不同的自我表征,自我描述显得杂乱。

童年中期(5～7岁)

与先前阶段相似,该年龄阶段的儿童:(1)依然会描述很具体的行为,常用有关各种能力的词汇描述(社会技能、认知能力、运动天赋等)。(2)自我描述非常积极,往往会高估自己的能力。例如,儿童会说"我记得所有发生的事情",而实际上他们并不记得。(3)全或无的思维方式仍然存在,不认可自己会同时拥有对立的特征。例如,儿童会说"我是好孩子,我绝对不可能是坏孩子"。

儿童自我概念的发展表现在:儿童能够协调多个不同的概念,他们的自我表述不再是杂乱无章的,而是呈现出一定的条理。例如,儿童能够把多种能力归为同一类别,说出一系列相关的能力,如"我擅长跑步、跳跃、掷铅球"。

童年后期(8～11岁)

儿童能整合具体的行为特征,形成高度概括的自我表征。例如,儿童会把自己在学业和课外活动的表现整合起来,高度概括为"聪明"。他们会说"我在数学竞赛中得了第一名,我的科技发明获得了一等奖,我觉得自己很聪明"。随着同伴关系对儿童重要性的提高,儿童的自我描述也变得越来越人际化。

自我概念的文化差异

不同文化的个体对于自我的描述大相径庭。例如,与美国儿童相比,中国儿童较少使用抽象的、特质性的词汇描述自我("我很诚实"),而较多结合情境描述自我("我在家里很听话")(Wang,2004;English & Chen,2007)。这可能反映了集体主义和个人主义文化下自我的不同组织方式:在个体主义文化中,个体把自己置于中心,因此会更多地描述自己的特质信息;而在集体主义文化中,个体更强调人际关系,因此会更多地基于情境信息描述自我。

提问方式(Cousins,1989)、社会情境(Kanagawa,Cross & Markus,2001)也会影响个体的自我描述,且该影响因不同的文化而异。研究者发现(Ross,Xun & Wilson,2002)个体作答时是否采用母语会激活自我概念的不同方面,这支持了文化顺应假设(cultural accommodation hypothesis),即当双语者用某一种语言回答问题时,他们相应的自我概念被激活,描述自我的方式也更接近于相应的文化。但是也有研究(Watkins & Gerong,1999)发现了截然不同的结果。文化顺应假设是否成立,仍然是一个值得探讨的问题。

中国儿童会如何描述自己呢？本研究的目的是：通过自我概念的开放性访谈，探讨学前儿童自我概念的特点。

二、研究对象和材料

1.研究对象：随机选取大班、中班、小班儿童，男女各半。
2.研究材料：手机、安静的房间、两张椅子、笔和记录纸。

三、研究程序

1.主试向儿童介绍任务："小朋友，今天你们班上开展一项游戏活动，这个活动的名字叫'说说我自己'，你无论说你的什么都行，最后你们老师要给你们当中说得最全面最真实的小朋友一份奖品，听懂了吗？那我们现在开始好吗？"

2.儿童要自发地说出很多事情。

主试告诉儿童："××（被试姓名），我想写一些关于你的事情，第一件事我应该写什么？"主试在儿童每次回答后都提示"还有什么？"直到儿童表示说完了。

3.儿童要以"我是×××"的句式尽可能多地完成句子。

主试告诉儿童："现在，××（被试姓名），让我们看看我们是否能想到更多关于你的事情。你这样说：［被试姓名］是＿＿＿＿。"主试在儿童每次回答后都提示"你能换一种方式来完成这个句子吗？"直到儿童表示说完了。

4.访谈注意事项：

（1）在整个过程中主试应注意始终保持神情的一致性以及不要给予启发性的言语，以免给儿童的回答带来暗示性。

（2）直到儿童用神情或言语手势表明已经讲完为止。

（3）谈完以后，主试应及时把整个访谈过程翻录成文字，以便进行编码。

四、结果分析

统计每个儿童各类自我概念描述的频数，除以该儿童的总语句数，得到该儿童各个自我概念类别出现的频率。根据各年龄组的人数，计算各年龄组各个自我概念类别出现的平均频率。如表3-1所示。

表 3-1　不同年级儿童的自我概念

自我概念类别	小班 （$X\pm SD$）	中班 （$X\pm SD$）	大班 （$X\pm SD$）
A 身体的			
B 社会的			
C 属性的			
1.爱好、兴趣			
2.愿望、渴望			
3.行为、习惯			
4.依赖情境的心理属性			
5.独立于情境的心理属性			
D 整体的			
1.存在的			
2.普遍的			

注:该编码系统是 Hartley(1970)提出的著名的 A－B－C－D 四重方法。

A 身体的:指可观察到的自我的身体属性,这不包含社会交往(如 5 岁,男孩,有两个眼睛,有点胖)。

B 社会的:指社会角色,机构关系或其他社会定义的地位(如大班,××幼儿园,××的朋友)。

C 属性的:指独立于场景(situation)的个性特征,包括行动、感觉和思维等方面。C1 指偏好,例如:喜欢吃巧克力。C2 指愿望,例如:想当医生。C3 指行动,例如:读故事书的人。C4 指依赖情境(context,例如他人、时间、空间)的个性特征,例如:和*朋友*一起时比较傻,早上容易困,在教室里喜欢说话。C5 指独立于情境的个性特征,例如诚实。

D 整体的:对自我的抽象概括,与社会角色和社会交往没有关系。D1 指对自我独特性的描述,例如:一个独一无二的人。D2 指对自己一般性的描述,例如:我是人类,哺乳动物。

五、讨论

1.年幼儿童的自我概念是否随着年龄的增长而不同？ 其发展特点是什么？

2.认知的发展必然导致独立于情境的自我描述增多吗？

3. Kanagawa,Cross 和 Markus（2001）发现作答时有同龄人在场会影响个体的自我描述，个体将更多地提及爱好，试推测其原因。

4. 查阅了解不同的开放性访谈的编码方式（如 Wang,2004）。

参考文献

Brinthaupt T M,Lipka R P.（Eds.）. The self：Definitional and methodological issues［M］. NewYork：SUNY Press,1992.

Cooley C H. Looking-glass self［J］. The production of reality：Essays and readings on social interaction,1902,6.

Cousins S D. Culture and self-perception in Japan and the United States［J］. Journal of Personality and Social Psychology,1989,56(1)：124.

English T,Chen S. Culture and self-concept stability：Consistency across and within contexts among Asian Americans and European Americans［J］. Journal of Personality and Social Psychology,2007,93(3)：478.

Harter S. Competence as a dimension of self-evaluation：Toward a comprehensive model of self-worth［J］. The Development of the Self,1985(2)：55-121.

Hart D,Lucca-Irizarry N,Damon W. The development of self-understanding in Puerto Rico and the United States［J］. The Journal of Early Adolescence,1986,6(3)：293-304.

Hart D,Damon W. Developmental trends in self-understanding［J］. Social Cognition,1986,4(4)：388-407.

Harter S. Self-development in childhood and adolescence［J］. International Encyclopedia of the Social & Behavioral Sciences,2015：492-497.

Hart D R,Edelstein W. The relationship of self-understanding in childhood to social class,community type,and teacher-rated intellectual and social competence［J］. Journal of Cross Cultural Psychology,1992,23(3)：353-365.

James W. The Principles of Psychology［M］. New York：Holt,1890.

James W,Burkhardt F,Bowers F,et al. The principles of psychology（Vol. 1,No. 2）［M］. London：Macmillan,1890.

Kanagawa C,Cross S E,Markus H R. "Who am I？" The cultural psychology of the conceptual self［J］. Personality and Social Psychology Bulletin,2001,27（1）：90-103.

Marsh H W,Relich J D,Smith I D. Self-concept：The construct validity of interpretations based upon the SDQ［J］. Journal of Personality and Social Psychology,1983,45(1)：173-187.

Marsh H W. Age and sex effects in multiple dimensions of self-concept：Preadolescence to early adulthood[J]. Journal of Educational Psychology,1989,81(3):417-430.

Piers E V, Harris D B. Piers-Harris children's self-concept scale [M]. Nashville, TN: Counselor Recordings and Tests,1969.

Ross M,Xun W E,Wilson A E. Language and the bicultural self[J]. Personality and Social Psychology Bulletin,2002,28(8):1040-1050.

Shavelson R J,Hubner J J,Stanton G C. Self-concept:Validation of construct interpretations [J]. Review of Educational Research,1976,46(3):407-441.

Song I S,Hattie J. Home environment,self-concept,and academic achievement:A causal modeling approach[J]. Journal of Educational Psychology,1984,76(6):1269-1281.

Wang Q. The emergence of cultural self-constructs:Autobiographical memory and self-description in European American and Chinese children[J]. Developmental Psychology,2004,40(1):3-15.

Watkins D,Gerong A. Language of response and the spontaneous self-concept:A test of the cultural accommodation hypothesis[J]. Journal of Cross-Cultural Psychology,1999,30(1):115-121.

研究 9　性别角色意识

一、研究背景

性别角色是指由于人们的性别不同而产生的符合一定社会期待的品质特征,包括男女两性所持的不同态度、人格特征和社会行为模式。性别角色的发展主要包括三个领域:(1)性别概念的发展;(2)性别角色观的发展;(3)性别化行为模式的发展。其中性别概念的发展包括性别认同、性别稳定性和性别一致性的发展,这三个方面反映了儿童对性别恒常性的认识(俞国良,辛自强,2004;李幼穗,2004)。

▌性别恒常性

科尔伯格把"性别恒常性"界定为"对性别基于生物特性的永恒特征的认识,它不依赖于事物的表面特征,不会随着人的发型、衣着、活动的变化而变化"。他把皮亚杰的观点应用于社会认知领域,最早提出了性别的认知发展理论。他认为儿童性别恒常性的发展与物理守恒概念的发展是一致的,只有当儿童达到具体运算思维阶段,获得了守恒的概念之后,才能获得性别恒常性。他提出性别恒常性发展的三个阶段:第一阶段(2~3 岁),性别认同:儿童对自己和他人性别的正确标定。第二阶段(3~5 岁),性别稳定性:儿童认识到人在一生中性别保持不变,即他们知道"女孩长大后会成为女人,男孩长大后会成为男人"。第三阶段(5~7 岁),性别一致性:儿童认识到人的性别不会因为其外表(如发型、衣着)和活动的改变而改变。他们能够正确回答诸如"如果珍妮穿上了异性的服装,珍妮是男孩还是女孩"这样的问题(Ruble,Martin & Berenbaum,2007)。

性别恒常性的发展影响着儿童性别认知发展的多个方面:3~5 岁期间,随着儿童对性别稳定性理解水平的提高,性别刻板印象僵化;随着儿童对性别一致性的理解的加深,性别刻板印象又变得灵活(Ruble et al.,2007)。此外,儿童会表现出更多和性别相一致的行为,如偏好同性别的服装、活动和玩伴(Warin,2000),对同性别的榜样予以更多的注意(Slaby & Frey,1975),对性别线索的识别更加敏感等(Zucker & Yoannidis,1983)。

▌研究范式

Slaby 和 Frey(1975)通过呈现四个玩偶(一个成年女性、一个成年男性、一个小女孩、一个小男孩)和四张彩色照片(两个成年女性,两个成年男性),以提问的方式考察儿童性别恒常性的发展水平。他们设计了 14 个问题,其中 9 个问题测试性别认同("你是男孩还是女孩"),2 个问题测试性别稳定性("当你长大后,你会成为爸爸还是妈妈?"),3 个问题测试性别恒常性("如果你穿了异性的衣服,你会变成男孩还是女孩?")。

为了测试儿童在知觉改变过程中性别恒常性水平的发展,Emmerich 等(1977)把男孩和女孩的图片在颈部切开,通过组合身体部分和头部的图片,向儿童呈现性别不变但服装发型改变的图片形象(见图 3-1)。实验者告知儿童图片中人物的性别和名字("这是珍妮,珍妮是个女孩"),接着变换图片人物的服装或发型,询问儿童"如果珍妮穿上了男孩的衣服(像图片上的样子),她会是一个男孩还是女孩?""如果珍妮把头发剪短了(像图片上的样子),她会是一个男孩还是女孩?""如果珍妮把头发剪短了(像图片上的样子),并且穿上男孩的衣服(像图片上的样子),她会是一个男孩还是女孩?"

图 3-1 Emmerich 等研究
使用的测验图片(采自李幼穗,2004)

性别恒常性的发展

通过以上的研究方法,研究者发现:儿童要到 6~7 岁才获得性别恒常性。这和科尔伯格的理论一致,即儿童获得守恒后才能够理解性别恒常性。但有研究者认为年龄较小的儿童之所以回答错误,可能不是因为缺乏对性别恒常性的理解,而是他们无法区分所提的问题指的是"现实的"还是"假装的"。比如他们在回答"如果穿了异性的衣服,会不会变成异性"的问题时,他们可能认为可以"看起来像"或者"假装是"异性(Martin & Halverson,1983)。另外,在图片测验中,儿童可能不会把图片中的人物当作是真实的人物,认为人物的性别是根据图片中人物的服装和发型来给定的,因而他们会回答人物的性别会随着服装和发型的改变而改变。

为了强调实验情境的真实性,Leonard 和 Archer(1989)在提问中加入了"如果你穿了异性的衣服,你真的是男孩还是女孩,或者假装是男孩还是女孩?"这一问题。MacKain(1987)先是让儿童在放有玩具和服装的房间里自由玩耍,并进行录像。之后给儿童播放他们自己和他人的录像,包括儿童自由玩耍、穿上异性服装、玩异性玩具、穿着异性服装并玩异性玩具等片段。Bem(1989)则给儿童呈现同性或异性的学步儿照片(见图 3-2和图 3-3),其中一组是全裸照片,一组是穿着打扮成异性的照片(男孩有小辫子并穿着女孩的服装,女孩穿着男孩的服装并抱着橄榄球),另一组是男孩和女孩穿着与性别相符的照片。

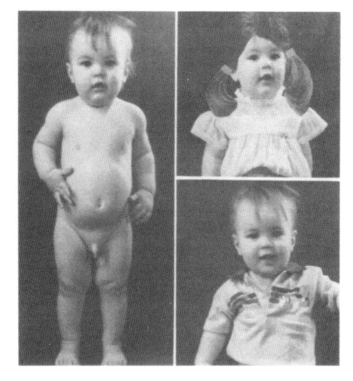

图 3-2　Bem(1989)使用的测验图片(男孩)

　　测验顺序也会影响儿童性别恒常性的成绩,Siegal 和 Robinson(1987)把传统的测验顺序(性别认同—性别稳定性—性别一致性)改成性别一致性—性别稳定性—性别认同之后,回答的正确率从三分之一提高到 76.7%。

　　Johnson 和 Ames(1994)则指出:去掉提问过程中对性别标签的强调,可以避免儿童对提问者的意图产生错误的解读,降低任务的难度。比如把"珍妮穿上男孩的衣服,是男孩还是女孩"改为"珍妮穿上这件衣服,是男孩还是女孩"。但也有研究者认为对这些实验结果的解释应当持谨慎的态度:这种提问方式可能会使儿童不再关注到人物"服装/发型/活动方式"的改变,儿童可能会认为这些改变和任务无关,因而忽视了这些改变,反而做出了正确的回答。

　　此外,McConaghy(1979)建议在测验图片中加入与生殖特征有关的线索。他认为,哪怕儿童理解了"性别是由生殖器官所决定的",由于实验所提供的图片中没有提供生殖特征线索,所以儿童无法根据生殖器官而只能通过头发长短、衣服来辨别人物性别。这会导致他们做出错误的回答。

　　总而言之,研究者通过追加问题、采用真实的录像和照片、调整测验顺序、在图片中增加生殖特征线索等方式,对以往的范式进行了改编。结果发现 3 岁儿童就已经发展出对性别恒常性的理解,这远远早于传统范式测得的年龄(6～7 岁)。尽管如此,有研究者提出了质疑,认为 3 岁儿童所表现出的对性别恒常性的理解其实只是一种"虚假恒常

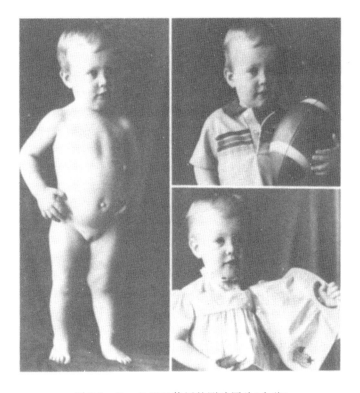

图 3-3　Bem(1989)使用的测验图片(女孩)

性"。例如,Wehren 和 De Lisi(1983)发现儿童性别恒常性的发展随年龄变化呈 U 形曲线:3~5 岁期间,儿童在性别一致性问题上的得分反而下降,在 5~9 岁期间又呈上升趋势。

解释水平

　　虽然儿童能够对性别进行正确标定,有时也能正确回答性别相关的问题(例如,你能变成男孩吗?),但是当要求儿童对自己的回答做出解释,即"为什么你不能变成男孩"时,研究者发现 3 岁的儿童几乎无法为他们的正确回答提供任何解释。研究者主张:在提问的同时也应该要求儿童为回答提供解释。他们认为,只有把回答和理由解释两者结合起来分析,才能真正测试儿童是否真正理解性别恒常性。否则,他们出于情感("我不想让她变成男孩子")、对知觉变化过程前后不变的人物特征的关注("她是女孩,因为她穿着女孩的鞋子")或对性别角色规范的遵从(认为玩异性的玩具或穿异性的服装是不合适)等原因(Emmerich & Goldman,1977;Wehren & De Lisi,1983;Szkrybalo & Ruble,1999),都能做出正确回答,但实际上他们尚未真正掌握性别恒常性。只有能够提供正确回答和真正反映性别恒常性意义的解释的儿童,才能被认为是掌握了性别恒常性。

Emmerich 和 Goldman(1977)把儿童的理由解释分为 3 种水平。(1)水平 1:无关解释,儿童做一些毫不相关的回答或回答不知道;(2)水平 2:有关性别的外部特征理由;(3)水平 3:有关性别本质属性理由。Szkrybalo 和 Ruble(1999)对第 3 个水平的解释进行了细分,其中包括性别刻板灵活性解释、隐含恒常性解释、操作恒常性解释。

虽然在儿童性别恒常性获得年龄上仍存在诸多的争议,但大多数研究都认为性别恒常性的发展经历了三个阶段。这也支持了科尔伯格的观点:儿童先是发展出性别认同,再是性别稳定性,最后掌握性别一致性。儿童对自己性别恒常性的理解要早于对他人的理解。

本研究的目的是:通过访谈法,探讨幼儿对自我和他人在性别认同、性别稳定性和性别一致性上的认识的发展。

二、研究对象和材料

1. 研究对象:3 岁、4 岁、5 岁、6 岁儿童,男女各半。
2. 研究材料:两套图片(详见附录 8)。
(1)一套女生图片,包括:发型和着装规范的女孩,着装改为异性着装的女孩,发型改为异性发型的女孩,发型和着装均改为异性的女孩。
(2)一套男生图片,包括:发型和着装规范的男孩,着装改为异性着装的男孩,发型改为异性发型的男孩,发型和着装均改为异性的男孩。图片材料主要用在性别他认中。

三、研究程序

研究分为三个任务(性别认同、性别稳定性、性别一致性),共 14 个问题,主试依次按照性别认同、性别稳定性和性别一致性的顺序进行提问。对提问中出现的选项的顺序(是男孩还是女孩/是女孩还是男孩)、自己和他人的性别恒常性认知的实验顺序(自己/他人;他人/自己)、他人性别恒常性认知的实验顺序(男孩/女孩;女孩/男孩)进行平衡。

针对每位被试和所使用材料的性别,所提的问题不同。为了减少主试和被试的负担,本研究针对女孩采用一组女生图片作为材料;针对男孩,采用一组男生图片作为材料(图片见附录 8)。具体实验程序如下:

▉如果被试是女孩

1. 性别认同:考察儿童对自己和他人性别认同的发展水平。
(1)性别认同的自认。
主试问儿童:"你是男孩还是女孩?"
待儿童回答后,根据儿童回答追问:"你怎么知道你是男孩(女孩)?"

(2)性别认同的他认

主试呈现一张发型和着装规范的女孩图片(图 A),并问儿童:"图片上的小朋友是男孩还是女孩?"

待儿童回答后,根据儿童回答追问:"你说她为什么是男孩(女孩)?"

2.性别稳定性:考察儿童对自己和他人性别稳定性的发展水平。

(1)性别稳定性的自认

主试问儿童:"你还是小宝宝的时候,你是男孩还是女孩? 为什么?"

待儿童回答后,主试继续问儿童:"当你长大了,你会成为爸爸还是妈妈? 为什么?"

(2)性别稳定性的他认

主试给儿童呈现一张发型和着装规范的女孩图片(图 A),并问:"图片上的小朋友是小宝宝的时候,是男孩还是女孩? 为什么?"

待儿童回答后,主试继续问儿童:"图片上的小朋友长大以后会成为爸爸还是妈妈? 为什么?"

3.性别一致性:考察儿童对自己和他人性别一致性的发展水平。

(1)性别一致性的自认

主试问儿童:"如果你不想当女孩,你能成为一个男孩吗? 为什么?"

待儿童回答后,主试继续问儿童:"如果你穿上男孩的衣服,你是男孩还是女孩? 为什么?"

待儿童回答后,主试继续问儿童:"如果你把头发剪短了,你是男孩还是女孩? 为什么?"

待儿童回答后,主试继续问儿童:"如果你穿上男孩的衣服,并且把头发剪短了,你是男孩还是女孩? 为什么?"

对于上述问题,如果儿童回答错误,则追问:"你真的是男孩,还是假装是男孩?"

(2)性别一致性的他认

主试呈现发型和着装规范女孩的图片(图 A),问儿童:"如果图片上的小朋友不想当女孩了,她能成为一个男孩吗? 为什么?"

待儿童回答后,主试呈现着装改为异性着装的女孩的图片[穿男式服装的女孩(图 B)],问儿童:"如果图片上的小朋友穿上男孩的衣服,她是男孩还是女孩? 为什么?"

待儿童回答后,主试呈现发型改为异性发型的女孩的图片[短头发女孩(图 C)],问儿童:"如果图片上的小朋友把头发剪短了,她是男孩还是女孩? 为什么?"

待儿童回答后,主试呈现发型和着装均改为异性的女孩图片[短头发且穿男式服装的女孩(图 D)],问儿童:"如果图片上的小朋友穿上男孩的衣服,并且剪短了头发,她是男孩还是女孩? 为什么?"

对于上述问题,如果儿童回答错误,则追问:"她真的变成了男孩还是假装是男孩?"

如果被试是男孩

1.性别认同

（1）性别认同的自认

主试问儿童："你是男孩还是女孩？"

待儿童回答后，根据儿童回答追问："你怎么知道你是男孩（女孩）？"

（2）性别认同的他认

主试呈现一张发型和着装规范的男孩图片（图 A），并问儿童："图片上的小朋友是男孩还是女孩？"

待儿童回答后，根据儿童回答追问："你说他为什么是男孩（女孩）？"

2.性别稳定性

（1）性别稳定性的自认

主试问儿童："你还是小宝宝的时候，你是男孩还是女孩？ 为什么？"

待儿童回答后，主试继续问儿童："当你长大了，你会成为爸爸还是妈妈？ 为什么？"

（2）性别稳定性的他认

主试给儿童呈现一张发型和着装规范的男孩图片（图 A），并问："图片上的小朋友是小宝宝的时候，是男孩还是女孩？ 为什么？"

待儿童回答后，主试继续问儿童："图片上的小朋友长大以后会成为爸爸还是妈妈？ 为什么？"

3.性别一致性

（1）性别一致性的自认

主试问儿童："如果你不想当男孩，你能成为一个女孩吗？ 为什么？"

待儿童回答后，主试继续问儿童："如果你穿上女孩的衣服，你是男孩还是女孩？ 为什么？"

待儿童回答后，主试继续问儿童："如果你留了长头发，你是男孩还是女孩？ 为什么？"

待儿童回答后，主试继续问儿童："如果你穿上女孩的衣服，并且留了长头发，你是男孩还是女孩？ 为什么？"

对于上述问题，如果儿童回答错误，则追问："你真的是女孩，还是假装是女孩？"

（2）性别一致性的他认

主试呈现发型和着装规范男孩的图片（图 A），问儿童："如果图片上的小朋友不想当男孩了，他能成为一个女孩吗？ 为什么？"

待儿童回答后，主试呈现着装改为异性着装的男孩的图片[穿裙子的男孩（图 B）]，问儿童："如果图片上的小朋友穿上女孩的衣服，他是男孩还是女孩？ 为什么？"

待儿童回答后，主试呈现发型改为异性发型的男孩的图片[长头发男孩（图 C）]，问儿童："如果图片上的小朋友留了长头发，他是男孩还是女孩？ 为什么？"

待儿童回答后,主试呈现发型和着装均改为异性的男孩图片[长头发且穿裙子的男孩(图D)],问儿童:"如果图片上的小朋友穿上女孩的衣服,并且留了长头发,他是男孩还是女孩? 为什么?"

对于上述问题,如果儿童回答错误,则追问:"他真的变成了女孩还是假装是女孩?"

4. 儿童解释水平分类

水平0:无关解释,儿童做一些毫不相关的回答或回答不知道。

水平1:有关性别的外部特征理由,儿童根据性别的外部特征来判断。 如:"因为她有长头发,所以她是女孩""因为她穿裙子"。

水平2:有关性别本质属性理由,儿童从性别本质特征的角度来回答。 如:"她本来就是女孩""因为他有小鸡鸡"。

5. 计分规则

共有14个问题,每题回答正确(包括儿童回答错误,但在追问时解释"性别的改变是假装的")计1分,回答错误计0分。其中性别一致性问题回答正确,并且对其回答的解释能达到水平2,计1分,否则计0分。对性别恒常性各个水平、性别恒常性的自认和他认的计分规则如下:如果被试正确回答了每一个水平对应的全部题目,认为该恒常性水平得1分;若其中任何一个题目回答错误,恒常性水平得0分。性别认同、性别稳定性、性别一致性的得分范围为0~1分;性别恒常性的自认和他认的得分范围为0~1分。

四、结果分析

1. 分别统计男孩、女孩在各个性别恒常性水平上的总得分,结合男孩、女孩的总人数,计算出男孩、女孩在性别认同、性别稳定性、性别一致性上的平均得分。

2. 统计各个年龄组儿童在各个性别恒常性水平上的总得分,结合各年龄组的总人数,计算出各个年龄组儿童在性别认同、性别稳定性、性别一致性上的平均得分。

3. 比较不同性别认知对象:分别统计儿童在自己和他人的性别恒常性问题上的总得分,结合总人数,计算出平均得分。

4. 比较年龄×性别认知对象:分别统计每个年龄组儿童在自己和他人的性别恒常性问题上的总得分,结合各年龄组的总人数,计算出平均得分。

五、讨论

1. 不同性别的儿童在性别恒常性的发展上是否存在差异?

2. 儿童性别恒常性的发展随年龄变化的趋势是怎样的?

3. 儿童能否正确认知自己以及他人的性别,对两者的认知是否存在差异?

4. 儿童主要从哪些方面来认知性别?

5. 儿童性别认知的发展规律是什么?

参考文献

李幼穗.儿童社会性发展及其培养[M].上海:华东师范大学出版社,2004.

俞国良,辛自强.社会性发展心理学[M].合肥:安徽教育出版社,2004.

张文新.儿童社会性发展[M].北京:北京师范大学出版社,1999.

Bem S L. Genital knowledge and gender constancy in preschool children[J]. Child Development,1989,60:649-662.

Emmerich W,Goldman K S,Kirsh B,et al. Evidence for a transitional phase in the development of gender constancy[J]. Child Development,1977,48:930-936.

Johnson A,Ames E. The influence of gender labelling on preschoolers' gender constancy judgements[J]. British Journal of Developmental Psychology,1994,12(3):241-249.

Leonard S P,Archer J. A naturalistic investigation of gender constancy in three-to four-year-old children[J]. British Journal of Developmental Psychology,1989,7(4):341-346.

MacKain S J. Gender Constancy:A Realistic Approach[R/OL]. (2020-06-02)https://files. eric. ed. gov/fulltext/ED286583. pdf.

Martin C L,Halverson C F. Gender constancy:A methodological and theoretical analysis[J]. Sex Roles,1983,9(7):775-790.

McConaghy M J. Gender permanence and the genital basis of gender:Stages in the development of constancy of gender identity[J]. Child Development,1979,50(4):1223-1226.

Ruble D N,Martin C L,Berenbaum S A. Gender development. Handbook of child psychology,2007,3.

Ruble D N,Taylor L J,Cyphers L,et al. The role of gender constancy in early gender development[J]. Child development,2007,78(4):1121-1136.

Slaby R G,Frey K S. Development of gender constancy and selective attention to same-sex models[J]. Child Development,1975,46(4):849-856.

Siegal M,Robinson J. Order effects in children's gender-constancy responses[J]. Developmental Psychology,1987,23(2):283-286.

Szkrybalo J,Ruble D N. "God made me a girl":Sex-category constancy judgments and explanations revisited[J]. Developmental Psychology,1999,35(2):392-402.

Warin J. The attainment of self-consistency through gender in young children[J]. Sex roles,2000,42(3-4):209-231.

Wehren A,De Lisi R. The development of gender understanding:Judgments and explanations[J]. Child Development,1983,54(6):1568-1578.

Zucker K J,Yoannidis T. The relation between gender labelling and gender constancy in preschool children[J]. Cognition Ability,1983(4):14.

研究 10　心理理论

一、研究背景

微课堂：
心理理论实验

心理理论指"对他人的愿望、信念、动机等心理状态以及心理状态与行为之间关系的认知"。信念是人们对现实世界的表征,这种表征可能是真实的,也有可能背离现实,即是错误信念。研究者通常使用错误信念任务来衡量儿童心理理论的发展。由于错误信念和现实世界并非一致,个体对他人错误信念的推测难以仅仅凭借对现实世界的判断而实现,而必须对自己和他人的心理状态加以认识。因此,对错误信念的理解被看作是儿童掌握心理理论的里程碑,在儿童社会认知能力的发展中起着重要的作用。

■ 错误信念任务

Wimmer 和 Perner(1983)首创的错误信念任务包括"意外转移任务"和"意外内容任务"。在"意外转移任务"中,他们设计了"男孩 Maxi 和巧克力的故事"。由于该任务对儿童的记忆和理解能力有较高要求,Baron-Cohen 等(1985)在错误信念任务中采用玩偶演示的方式叙述故事,编制了经典的"Sally-Anne"任务(见图3-4)。主试先向儿童呈现两个玩偶,一个叫 Sally,一个叫 Anne。Sally 把小球放在了篮子里(位置 A)。Sally 离开后,Anne 把小球(位置 A)转移到了另一个盒子里(位置 B)。当 Sally 回来后,主试要求儿童判断 Sally 会去哪里寻找她的小球(信念问题)。在错误信念任务中,主试还会要求儿童回答记忆和事实检测问题,即"小球原来在哪里?"和"小球现在在哪里?"用以考察儿童对故事的记忆以及对物体现在所处位置的认识。只有同时回答正确信念问题以及两个控制问题,才认为儿童通过了错误信念任务。

研究发现:大部分 4 岁儿童都能通过错误信念任务,而 3 岁儿童则无法意识到主人公 Sally 会持有关于小球位置的"错误信念"(小球在篮子里,即位置 A),他们会错误地回答主人公 Sally 会去盒子里(位置 B)寻找小球。4 岁是儿童心理理论发展的重要转折点,此时儿童开始能够理解错误信念。他们开始区分"心理世界"和"现实世界",认识到信念仅仅是现实世界的一种心理表征。因而自己和他人的信念可能不同,并且信念有可能背离现实;人们的行为可以建立在信念之上,哪怕信念是错误的(Flavell,Miller & Miller,1985)。随着年龄的增长,儿童对错误信念的理解逐渐加深。为此研究者设计了二级错误信念任务(如"冰淇淋的故事")来测试儿童对更复杂的错误信念的理解。

尽管大量研究证明 4 岁是儿童通过错误信念任务的分水岭,但是不少研究者对此

图 3-4　Sally-Anne 任务（采自 Bolander，2014）

提出了质疑。他们认为传统的诱导—反应错误信念任务范式过于复杂,对语言能力、执行功能以及信息加工能力的要求过高,从而低估了婴幼儿对错误信念的理解能力。如在"Sally-Anne"任务中,要想正确回答信念问题,儿童需要经过一系列的信息加工过程。(1)错误信念表征过程:表征主人公的错误信念;(2)反应选择过程:理解、记忆主试问的问题并做出回答;(3)反应抑制过程:抑制近乎自发的对小球实际所在位置的回答。在这个过程中,即便儿童已经能够理解错误信念,其抑制能力的不成熟、回答问题所需的信息加工资源的过载都会导致回答错误(Setoh,Scott & Baillargeon,2016)。

婴幼儿的错误信念

　　为了使错误信念任务范式能够适用于婴幼儿,研究者设计出了两种新的错误信念任务范式:(1)自发—反应错误信念范式(spontaneous-response tasks);(2)引发—干预错误信念范式(elicited-intervention tasks)。分别通过观察和记录婴幼儿自发反应(如偏好观看、预期观看)和儿童帮助实验者的行为来推测其对错误信念的理解能力。

　　例如,Onishi 和 Baillargeon(2005)采用了婴幼儿研究中常用的违反预期范式(见图 3-5)。在该实验中,研究者面前放有黄盒子和绿盒子。在熟悉化阶段,研究者看见一个玩具放到了黄盒子里。然后,研究者的视线被挡板遮住后,玩具从黄盒子移动到了绿盒子里。在测验阶段,当持有错误信念的研究者去正确的位置(绿盒子)寻找玩具时,相比其去错误的位置(黄盒子)寻找玩具,15 个月的婴儿的注视时间显著地增加。这说明,心理理论能力在 15 个月的婴儿身上就已经萌芽。Buttelmann 等(2009)采用相同的逻辑设计实验,进一步从婴儿的帮助行为中探测其对错误信念的理解。当实验者没有看到玩具从箱子 A 转移到箱子 B,而试图打开箱子 A 时,18 个月的婴儿会帮助实验者打开有玩具的箱子 B。这说明婴儿不仅能够识别实验者的意图(想要玩具),而且能够意识

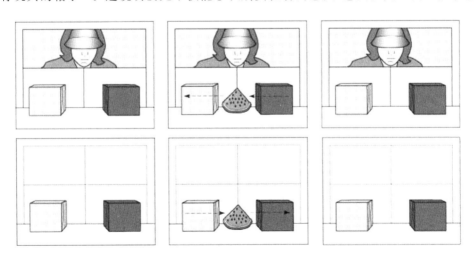

图 3-5　Onishi 和 Baillargeon(2005)违反预期范式实验
(浅色为黄色,深色为绿色)

到实验者持有玩具仍在原来的位置(箱子 A)的错误信念。更重要的是,如果实验者目睹了玩具从箱子 A 转移到箱子 B 却依然尝试打开箱子 A,婴儿会尊重实验者的选择打开箱子 A。因此,一些研究者推测儿童错误信念理解能力的发展可能并非是"全或无"的变化,而是一个渐进的过程(Scott & Baillargeon,2017)。

■错误信念的影响因素

儿童错误信念的发展受到多种因素的影响,包括认知因素(如语言、执行功能)和各种环境因素。儿童的抑制能力和错误信念理解能力显著相关(Carlson & Moses, 2001)。语言中的欺骗性谈话内容、补语句法结构也为儿童理解错误信念搭建了必要的框架(Lohmann & Tomasello,2003)。此外,儿童在假装游戏中的自由想象能够为儿童提供区分"现实世界"和"心理世界"的练习机会,从而促进儿童错误信念理解能力的发展(Youngblade & Dunn,1995)。

儿童错误信念发展的机制是什么? 心理理论论认为,儿童就像是小科学家,在和周围世界互动的过程中不断完善着关于心理的理论。随着经验的丰富,他们逐渐理解信念这一心理状态,并用以解释和预测他人的行为。模块论者认为存在先天的"心理理论机制",儿童错误信念的理解能力的获得是神经生理机制发展的结果。模拟论则认为儿童通过想象把自身置于他人的位置以模拟他人的心理状态,随着模拟能力的提高,儿童能够认识到他人的错误信念。建构主义者认为,在社会互动中,儿童积极主动地建构着对心理状态的理解(Perner,Ruffman & Leekam,1994)。

本研究的目的是:通过意外转移任务,探讨幼儿理解错误信念能力的发展,即幼儿认识到他人的信念有时会与客观事实不一致。人的行为受到自己信念的影响,哪怕该信念是错误的。

二、研究对象和材料

1.研究对象:幼儿园大班、中班、小班儿童各 20 名,男女各半,年龄范围在 3～6 岁。
2.研究材料:2 张图片(一张画有女孩,另一张画有男孩,男孩和女孩形象的性别特征明显),成对的颜色截然不同的盒子(如蓝色和黄色),一个乒乓球(用作寻找用途)。

三、研究程序

1.主试向儿童展示并介绍故事人物(画有小男孩和小女孩的两张图片)。主试指着画有小男孩的图片和蓝色盒子:"这是小男孩,他有一个蓝色的盒子。"指着小女孩的图片和黄色盒子:"这是小女孩,她有一个黄色的盒子。"(男女孩的图片和不同颜色的盒子随机呈现。)
2.主试配合道具演示,向儿童讲述故事。故事内容如下:"×××[被试姓名],我来给你讲一个真实的故事,请你认真听。这个小女孩有个乒乓球(指着画有小女孩的图片和乒乓球)。她把乒乓球放在黄色盒子里(让儿童看见乒乓球被放入黄色的盒子里,并盖上盖子)。然后小女孩就离开了(把小女孩的图片放在儿童看不见的地方,如桌子下面)。过了一会儿,来了个小男孩(取出小男孩的图片)。他打开黄色的盒子取出乒乓球,把乒乓球放进蓝色的盒子里(从黄色盒子里取出乒乓球,放入蓝色盒子中,并盖上盖子)。然后小男孩离开了,这时候小女孩回来了,她想找她的乒乓球玩(取走小男孩的图片,取回小女孩的图片放在桌上)。"

3.主试向儿童说:"小朋友,我问你几个问题,你要认真思考回答。"

(1)[记忆控制问题]"小女孩离开房间前,她把小球放在哪里了?"(如果被试无法回答,则将问题进一步简化为:"蓝色盒子还是黄色盒子呢?")

(2)[事实检测问题]"小球现在在哪里呢?"

4.若儿童均能正确回答上述两个问题,则继续提问信念问题。若不能正确回答,则重复讲述该故事(最多讲述3遍),保证被试对原有位置和当前位置有正确的认识。

(1)[信念问题]"小女孩认为小球在哪里?"

(2)[行为预测问题]"小女孩回来了想玩小球,她会首先到哪里找她的小球?"

儿童可以用言语作答,也可以用手指出所选择的盒子。

5.计分规则:记忆问题和真实问题不计分,信念问题和行为预测问题按0/1计分,正确回答计1分,错误回答计0分,得分范围为0~2分。

四、结果分析

1.比较不同年龄组信念和行为预测问题通过率。

2.比较不同性别信念和行为预测问题通过率。

五、讨论

1.解释不同年龄阶段的儿童对错误信念的理解的差异。

2.不同性别儿童的错误信念理解能力是否存在差异? 如果有,试着解释这种差异。

3.哪个年龄是儿童错误信念理解发展的转折点?

4.哪些因素影响儿童错误信念的发展?

5.为什么不用正确信念而要用错误信念来探索心理理论的发展?

参考文献

Baron-Cohen S,Leslie A M,Frith U. Does the autistic child have a "theory of mind"?
　[J]. Cognition,1985,21(1):37-46.

Bolander T. Seeing is believing:Formalising false-belief tasks in dynamic epistemic logic[C]//European conference on social intelligence (ECSI 2014),2014:87-107.

Buttelmann D,Carpenter M,Tomasello M. Eighteen-month-old infants show false belief understanding in an active helping paradigm[J]. Cognition,2009,112(2): 337-342.

Carlson S M,Moses L J. Individual differences in inhibitory control and children's theory of mind[J]. Child Development,2001,72(4):1032-1053.

Flavell J H,Miller P H,Miller S A. Cognitive development(Vol. 338)[M]. Englewood Cliffs,NJ:Prentice-Hall,1985.

Lohmann H,Tomasello M. The role of language in the development of false belief understanding:A training study[J]. Child Development,2003,74(4):1130-1144.

Onishi K H,Baillargeon R. Do 15-month-old infants understand false beliefs? [J]. Science,2005,308(5719):255-258.

Perner J,Ruffman T,Leekam S R. Theory of mind is contagious:You catch it from your sibs[J]. Child Development,1994,65(4):1228-1238.

Scott R M,Baillargeon R. Early false-belief understanding[J]. Trends in Cognitive Sciences,2017,21(4):237-249.

Setoh P,Scott R M,Baillargeon R. Two-and-a-half-year-olds succeed at a traditional false-belief task with reduced processing demands[J]. Proceedings of the National Academy of Sciences,2016,113(47):13360-13365.

Youngblade L M,Dunn J. Individual differences in young children's pretend play with mother and sibling:Links to relationships and understanding of other people's feelings and beliefs[J]. Child Development,1995,66(5):1472-1492.

Wimmer H,Perner J. Beliefs about beliefs:Representation and constraining function of wrong beliefs in young children's understanding of deception[J]. Cognition,1983, 13(1):103-128.

研究 11　观点采择

一、研究背景

观点采择是指个体区分自己与他人的观点,并根据当前或先前的信息对他人的观点做出准确推断的能力(赵婧,王璐,苏彦捷,2010),即"从他人的视角看世界"。从进化的角度而言,观点采择能力可以帮助个体获得更多的关于他人的信息,进而可以预测他人的行为。这有利于个体和他人进一步的交互(Phillips,2019)。比如,在狩猎的过程中,"我"看到了一只鹿,我知道在不远处的"你"也看到了这只鹿。在你强我弱的情境中,"我"很可能会为了避免竞争而主动放弃猎杀这只鹿。而如果"我"知道由于视线的遮挡,其实你看不见这只鹿,那么"我"会把这只鹿作为猎杀的目标。

Flavell(1992)进一步把观点采择分为一级观点采择和二级观点采择。一级观点采择指个体判断他人能否看到某个物体的能力,即理解自己能够看到的事物,对方不一定也能看到。而二级观点采择反映的是个体判断他人能够看到什么的能力。古诗"横看成岭侧成峰,远近高低各不同"十分形象地诠释了二级观点采择:由于自我和他人的视角不同,对于同一座山峰,自己和他人看到的也有可能不同。

▍一级观点采择:我看到的,你看不到

Masangkay 等(1974)采用图片任务考察 2～3 岁儿童的一级观点采择能力。主试给儿童呈现一系列卡片,卡片的两面均画有图案(比如一面画有小猫的图案,另一面画有小狗的图案)。卡片竖直放置,一面朝向主试,一面朝向儿童。要求儿童回答自己看到了什么和主试看到了什么。

由于图片任务要求儿童用语言回答,因而不适用于对婴幼儿施测。为此,Flavell 等(1978)首次提出了遮挡物体的行为实验任务。在该任务中,主试和儿童位于桌子的不同位置,儿童只需摆放挡板使得主试看不见桌上的物体,而无须用言语回答问题。

Moll 和 Tomasello(2006)在回顾以往的范式后指出,最佳的一级观点采择任务应当遵循以下标准:任务设置使得两个人既有共同的视野范围(即两个人都可以看到),又有相互独立的视野范围(即其中一人看得到,而对方看不到)。基于此,他们设计了"藏与找"任务:儿童的任务是帮助主试寻找玩具,其中一个玩具放在主试和儿童都看得见的位置,另一个玩具则位于挡板的后面,只有儿童才看得见。如果儿童能够认识到:主试迟迟不去拿"看得见的玩具",是因为他想找的是"看不见的玩具",进而把"看不见的玩具"递给主试。这就表明儿童已经具备一级观点采择能力。研究发现,2 岁儿童就已经发展出了一级观点采择能力。

二级观点采择:我和你看到的不一样

Piaget 和 Inhelder(1956)的三山实验是经典的二级观点采择实验之一(见图 3-6)。实验中,主试给儿童呈现由三座小山组成的假山模型,玩偶站在与儿童不同的方位。任务要求儿童从四张不同方位拍摄的山丘图片中,挑选出与玩偶看到景象一致的那张。结果发现,9 岁或 10 岁以下的儿童都无法通过该任务。

图 3-6　三山实验(采自 Boyd,Bee & Johnson,2009)

皮亚杰的三山实验过于复杂,Masangkay 等(1974)采用了更简单的、适用于学龄前儿童的"乌龟任务"来测试儿童的二级观点采择能力。在该任务中,主试把乌龟图片平放于桌面。从儿童的视角看,乌龟的头是朝上的,而从主试的视角看,乌龟的头是朝下的。儿童需要回答自己和主试看到的乌龟是"头朝上"的还是"头朝下"的。该任务类似于卡片任务,区别在于卡片任务测试的是儿童是否知道"我看到的东西,对方并没有看到",而乌龟任务测试儿童是否能认识到"对方和我都看到了同一个东西,但我和对方看到的不一样"。后续研究者改进了提问方式(如把"乌龟是头朝上"的描述改成了"乌龟是躺着的","乌龟是头朝下"的描述改成了"乌龟是站着的"),使得儿童更加容易理解(Flavell et al.,1981)。这些研究结果表明,4.5~5 岁儿童已发展出二级观点采择能力。

Moll 和 Meltzoff(2011)设计了新的范式——滤色镜任务(见图 3-7),发现更小年龄(36 个月)儿童就已经发展出二级观点采择能力。在该任务中,儿童和主试面对面而坐,桌上放置着相邻的两块滤色片(如无色滤色片和黄色滤色片)。在儿童一侧的滤色镜的后面,主试分别放置两张相同的图片(如蓝色的小狗图片)。儿童的任务是根据位于滤色镜另一侧的主试的指示,递给主试相应的图片。比如,主试说"我想要蓝色的那个小狗"。从儿童的视角看,两个小狗都是"蓝色"的;而从主试的视角看,无色滤色镜后的小狗是"蓝色"的,黄色滤色镜后的小狗是"绿色"的。只有儿童站在主试的视角去看,才能正确挑选主试想要的图片。

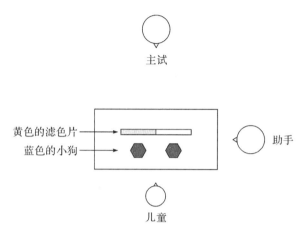

图 3-7　滤色镜任务(采自 Moll & Meltzoff,2011)

观点采择的经典理论

皮亚杰的认知发展理论认为,年幼儿童处于前运算阶段,他们的思维具有"自我中心"的特点(费尔德曼,2013)。他们总是从自己的视角来看世界,不能变换视角或意识到他人有不同的视角。如在三山实验中,当问儿童"娃娃看到了什么"时,他们回答的往往是自己而不是娃娃所看到的景象。到了具体运算阶段,儿童"去中心化",逐渐学会从他人的视角来看问题。

塞尔曼提出的观点采择发展阶段模型,则把从 3 岁到青少年期儿童观点采择的发展划分为从水平 0 到水平 4 五个阶段。根据该模型,儿童观点采择能力的发展趋势为:年幼儿童只知道自己的观点,对于他人观点的理解十分有限;随着年龄的增长,儿童开始认识到人们可能会因获得的信息不同而持有不同的观点;接着,儿童逐渐能够同时考虑两个以上的观点,最终能够根据社会价值观来对他人的观点进行比较(苏彦捷,2012)。

选择性观点采择

在以往的观点采择任务中,儿童往往被要求从自己或他人的视角来回答问题。然而,在日常的社会互动过程中,个体很少会被明确要求去采择他人的观点。个体自己的视角往往足以应付很多情境,对他人的观点采择会消耗个体的认知资源,不加选择地采择甚至会损害个体的任务绩效。儿童对他人的观点的采择是否具有选择性?他们在什么情境中会去采择他人的观点?

Zhao 等(2016)进一步探讨了儿童选择性的观点采择(见图 3-8)。实验中,儿童和玩偶面对面而坐,桌子上放着一个数字。从儿童的视角看,这是一个数字"9",从玩偶的视角看,这是一个数字"6"。在简短的自我介绍之后,玩偶问儿童"桌上的数字是几"。结果发现,当玩偶表示自己对数字一窍不通,想要学习数字时,更多的儿童回答的是"6";当玩偶表示它对数字了如指掌,想要教儿童学数字时,更多的儿童回答的是"9"。这说明,4 岁的儿童不仅能够采择他人的观点,而且这种观点采择能力是非常灵活的:他们知道什么时候该采择自己的观点,什么时候该采择他人的观点。

图 3-8　选择性观点采择(采自 Zhao,Malle & Gweon,2016)

自动观点采择

传统的理论观点认为,个体对他人的观点采择需要消耗一定的认知资源(Apperly & Butterfill,2009)。但近年来越来越多的研究表明,个体能够自动采择他人的观点。在"墙上点"任务中(见图 3-9),每个试次给被试呈现一张图片。图片中,一个虚拟人物站在房间的中间。红点刺激会随机呈现在左右两面墙上。由于虚拟人物是面向墙而

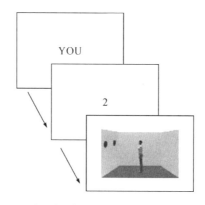

图 3-9　"墙上点"任务(采自 Samson et al.,2010)

站,被试和虚拟人物看到的红点数目并不总是相同。被试的任务是根据提示线索(如线索"你2"的意思是"你能看见的红点数目是2"),判断自己或虚拟人物看到的红点数目是否和提示线索描述的一致。结果发现,尽管他人的观点和任务无关,但被试仍不可避免地对他人的观点进行了加工。这表现在:当被试自己看到的和虚拟人物看到的红点数目不一致时,被试判断自己的观点的反应时更长,正确率更低。这被称为"他人中心效应"(Samson et al.,2010)。

后续研究者用相同的范式对6～12岁的儿童施测,也发现了他人中心效应。这说明,成人对他人观点的自动加工可能不是由于不断的重复练习产生的,而是基于一种先天的、早期发展的认知加工过程(Surtees & Apperly,2012)。但该自动化加工过程是否在6岁之前就已经完成?这是一个仍待探讨的问题。

由上述研究可知,随着儿童年龄的增长,他们逐渐去自我中心,从一级观点采择发展到二级观点采择。这和儿童的执行功能(Qureshi,Apperly & Samson,2010)、语言能力(Farrant,Fletcher & Maybery,2006)的发展以及与同伴互动的经验的增长(LeMare & Rubin,1987)有着密切的关系。个体观点采择能力的获得并不意味着他们不再"自我中心",研究发现成人身上也存在着和儿童相似的自我中心的倾向。不同的是,成人能够更好地进行调整,即从最初的自我视角转换为他人视角(Epley,Morewedge & Keysar,2004)。除了探讨儿童观点采择能力发展趋势以及其影响因素之外,近年来,研究者也越来越关注儿童的选择性观点采择和自动观点采择。

本研究的目的是:通过三山实验,验证前运算阶段儿童思维的自我中心性。

二、研究对象和材料

1. 研究对象:幼儿园大班、中班、小班儿童各20名,男女各半。
2. 研究材料:橡皮泥制成的三座高低、大小和颜色不同的假山模型(一座山上有一间屋子,另一座山顶上有一个红色的十字架,第三座山上覆盖着白雪)、一个玩偶、四张从不同方位拍摄的假山模型照片。

三、研究程序

1. 主试把三座假山模型摆放在桌子中央,四周各放一把椅子。
2. 主试对儿童说:"小朋友,请你绕小桌子转一圈,从四周观察一下这座山"。并带着儿童围绕三座假山模型走,让儿童从不同角度进行观察。
3. 走完一圈后,主试让儿童坐在其中的一把椅子上,要求儿童选出自己位置所看到的"三座山"的照片。如果选择正确,实验正式开始。
4. 主试把玩偶依次放在桌边其他三张椅子上,玩偶的出现顺序随机(被试的对面、被试的左侧和被试的右侧)。
5. 主试向儿童呈现四张从桌子的四个方位拍摄的"三座山"的照片(见图3-10,照片排列顺序被试间平衡)。并对儿童说:"小朋友,你已经从四周观察过这三座山了。请你想一想,坐在这个位置上的娃娃看到了什么?你能够替坐在这个位置上的娃娃找到它所在位置看到的照片吗?"

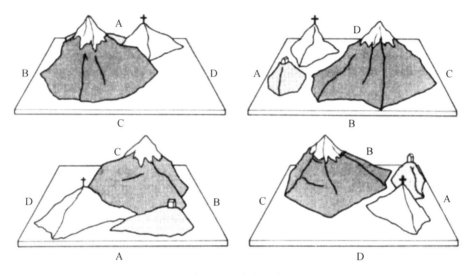

图 3-10　测验图片

6.记录儿童回答。计分规则:记录玩偶放置在儿童对面、儿童左侧、儿童右侧时,儿童反应的正确性。正确计 1 分,不正确计 0 分。得分范围为 0～3 分。

四、结果分析

1.比较不同方位观点采择问题得分。
2.比较不同性别观点采择问题得分。
3.比较不同年龄组观点采择问题得分。
4.比较不同年龄组的自我中心式错误。

对儿童的回答进行编码,若儿童选择自己所在方位,则编码为"自我中心式"错误,若儿童错指其他方位,则编码为"非自我中心式"错误。计算"自我中心式"错误反应占总反应次数的百分比。

五、讨论

1.儿童观点采择能力是否受到方位因素的影响?
2.儿童观点采择能力的发展是否存在性别差异?
3.儿童观点采择能力的发展趋势是怎样的?
4.如何通过训练提高儿童的观点采择能力?
5.如何理解个体需要消耗认知资源的观点采择和自动观点采择之间的关系?

参考文献

费尔德曼. 发展心理学——人的毕生发展[M]. 6 版. 北京:世界图书北京出版公司,2013.

苏彦捷. 发展心理学[M]. 北京:高等教育出版社,2012.

赵婧,王璐,苏彦捷. 视觉观点采择的发生发展及其影响因素[J]. 心理发展与教育, 2010,26(1):107-111.

Apperly I A,Butterfill S A. Do humans have two systems to track beliefs and belief-like states? [J]. Psychological Review,2009,116(4):953-970.

Boyd D,Bee H,Johnson P. Lifespan Development[M]. 5th ed. Boston,MA:Pearson International Edition,2009.

Epley N,Morewedge C K,Keysar B. Perspective taking in children and adults: Equivalent egocentrism but differential correction[J]. Journal of Experimental Social Psychology,2004,40(6):760-768.

Farrant B M,Fletcher J,Maybery M T. Specific language impairment,theory of mind, and visual perspective taking:Evidence for simulation theory and the developmental role of language[J]. Child Development,2006,77(6):1842-1853.

Flavell J H. Perspectives on perspective taking[M]. Hillsdale,NJ:Erlbaum,1992:107-139.

Flavell J H,Everett B A,Croft K, et al. Young children's knowledge about visual perception:Further evidence for the Level 1-Level 2 distinction[J]. Developmental Psychology,1981,17(1):99-103.

Flavell J H,Shipstead S G,Croft K. Young children's knowledge about visual perception: Hiding objects from others[J]. Child Development,1978,49(4):1208-1211.

LeMare L J,Rubin K H. Perspective taking and peer interaction: Structural and developmental analyses[J]. Child Development,1987,58(2):306-315.

Masangkay Z S,McCluskey K A,McIntyre C W, et al. The early development of inferences about the visual percepts of others[J]. Child Development,1974,45(2): 357-366.

Moll H,Meltzoff A N. How does it look? Level 2 perspective-taking at 36 months of age[J]. Child development,2011,82(2):661-673.

Moll H,Tomasello M. Level 1 perspective-taking at 24 months of age[J]. British Journal of Developmental Psychology,2006,24(3):603-613.

Phillips B. The evolution and development of visual perspective taking[J]. Mind & Language,2019,34(2):183-204.

Piaget J,Inhelder B. The child's concept of space[M]. London:Routledge & Paul,1956.

Qureshi A W,Apperly I A,Samson D. Executive function is necessary for perspective selection,not Level-1 visual perspective calculation:Evidence from a dual-task study of adults[J]. Cognition,2010,117(2):230-236.

Samson D,Apperly I A,Braithwaite J J,et al. Seeing it their way:Evidence for rapid and involuntary computation of what other people see[J]. Journal of Experimental Psychology:Human Perception and Performance,2010,36(5):1255-1266.

Surtees A D,Apperly I A. Egocentrism and automatic perspective taking in children and adults[J]. Child Development,2012,83(2):452-460.

Zhao X,Malle B F,Gweon H. Is it a nine,or a six? Prosocial and selective perspective taking in four-year-olds[C]//The 38th Annual Conference of the Cognitive Science Society,2016.

研究 12　延迟满足

一、研究背景

在追求长远目标的时候，人们往往会遭遇各种各样的诱惑。成功地抵制诱惑是自我控制的体现，它能够帮助我们更好地适应环境。心理学使用"延迟满足"这一概念指代个体为了得到长期利益抵制短期诱惑的能力。它反映为儿童在延迟满足任务中的等待时间。在延迟满足任务中坚持等待的儿童往往具备了一定的冲动控制能力和意志力，他们在长大后能够更好地处理人际关系、应对压力，学业也更加优秀。

■ 延迟满足任务

延迟满足任务由米歇尔设计。在任务中，儿童需要面对两个选择：立即得到一个较小的奖励，或者等待一段时间后得到一个较大的奖励。一个标准的延迟满足任务包括以下步骤：首先，儿童看到两个玩具，其中一个是儿童更喜欢的玩具，一个是普通玩具。如果儿童想要得到更喜欢的玩具，他们需要在房间里独自等待一段时间，直到研究人员回来。研究人员告诉儿童可以随时通过摇铃铛结束等待，研究人员听到铃声后会立即返回，但是这样儿童只能拿到普通玩具。儿童摇铃铛之前的等待时间可以反映延迟满足能力，等待时间越久，延迟满足能力越强（Mischel & Ebbesen，1970）。

棉花糖测试是延迟满足任务最出名的变式。在该测试中，儿童面前摆放着两个棉花糖。研究人员告诉儿童：你可以选择立即吃这个棉花糖，或是等待一段时间后得到 2 个棉花糖。追踪研究发现，在任务中等待更长时间的儿童在 10 年以后被父母评价为"更聪明""有能力应对压力"（Mischel，Shoda & Peake，1988）。

■ 延迟满足的发展

婴儿的延迟满足和自我控制始于顺从。在 12～18 个月，婴儿开始明确意识到照料者的希望和期待，并且能够配合父母的要求和命令。顺从意味着儿童准备学习社会生活的规则，了解生活中应有的规范和限制。这同时也意味着他们不能随心所欲。

研究者设计了不同的情景探索 18～30 个月幼儿的延迟满足能力和自制力（Vaughn，Kopp & Krakow，1984），具体包括：1）面对有趣的玩具电话，被要求不要碰电话；2）面前放有一个杯子，杯子下面有葡萄干，要求得到允许后才能吃；3）拿着一个包装好的礼物，要等到实验员回来才能打开它。研究者记录了儿童等待的时间。结果发现，18 个月的幼儿等待的时间不到 1 分钟，而到了 30 个月，他们可以等待 2 分钟。在面对美味的葡萄干时,幼儿等待的时间要比面对电话和礼物时都要短。这说明幼儿的自制力在缓慢地发展,而且他们的自制力和刺激的类型有关。

随着年龄的增长,儿童在延迟满足任务中等待的时间也越来越长。一项在中国开展的研究使用贴纸作为奖励物,儿童可以提前结束等待拿走一张贴纸,也可以等待 15 分钟以获得两张贴纸。研究发现 16％的 3 岁儿童、31％的 4 岁儿童和 64％的 5 岁儿童能够等待 15 分钟(Ma et al.,2018)。

延迟策略

为了获得更大的奖励,儿童通常采用多种策略延长等待时间,在棉花糖实验中,儿童通常采取以下策略延长等待时间:(1)覆盖奖励物,例如用盒子把棉花糖盖上,使得诱惑从视线中消失;(2)转移自己的注意力,例如唱歌、照镜子;(3)用言语指导和提醒自己,告诉自己"我不要吃""冷静";(4)用抽象的方式表征奖励物,例如关注棉花糖的形状和颜色,而避免关注棉花糖的味道和触觉。

随着年龄的增长,儿童所使用的延迟策略更高效,他们能够等待的时间也越来越长(Mischel & Mischel,1983)。4 岁儿童往往使用比较低效的策略。当有机会将奖励物盖上时,4 岁儿童倾向于不盖上,他们解释说"这样(看到奖励)让我感到开心"。有部分 4 岁儿童认为,在等待的时候想象奖励物能够帮助延迟。5 岁儿童倾向于拒绝关注奖励,他们认为可以通过数手指、回想在学校的经历等更有效的方式转移自己的注意力。

延迟满足的心理机制

米歇尔提出了冷/热系统理论解释延迟满足的心理机制(Metcalfe & Mischel,1999)。该理论认为自我调控对两个系统起到平衡的作用,一个是具有认知性、策略性、连贯性的冷系统,另一个是具有冲动性、反射性、情绪性的热系统。热系统能够对外界的刺激产生快速的趋避反应,主要的生理基础是杏仁核,属于"刺激控制"。冷系统是认知思维的基础,会使人深思,并形成计划,主要受到海马体和前额叶皮层的支配,属于"自我控制"。冷/热系统理论认为,在发育早期,儿童的行为主要受到热系统的影响,容易被环境中的奖励刺激所吸引;随着大脑的发育,儿童的冷系统逐渐完善,能够使用一些策略帮助自己抵抗诱惑。其中认知评价是一种高级的策略,它能够很好地说明冷系统发挥的作用(Mischel & Baker,1975)。在实验中,研究者鼓励一组儿童想象棉花糖有多甜、多么柔软,鼓励另一组儿童想象棉花糖有多么洁白、多么圆,第三组儿童未接受上述指导。结果发现想象棉花糖的味觉体验降低了延迟时间,不到 6 分钟儿童就按下铃铛。想象棉花糖形状颜色的儿童能够保持 13 分钟,超过了第三组儿童(8 分钟)。这个实验有力地说明,即使面对着同一个奖励物,通过更加抽象的思维方式能够帮助儿童抵抗诱惑。

影响延迟满足的因素

在延迟满足任务中儿童需要考虑两个因素：(1)可以立即获得的奖励；(2)未来可能获得的奖励。围绕第一个因素，米歇尔指出合适的注意分配策略(例如将注意从当前的奖励上转移开)有助于儿童的延迟满足。围绕第二个因素，一些研究者指出"信任感"会影响儿童在任务中的等待时间。当儿童认为研究人员的承诺不可靠时，他们更愿意选择当前的奖励。

总体而言，延迟满足与个体的注意分配方式、对他人的信任等因素有关。注意分配是自我调节的一种有效手段。转移注意力能延长儿童的等待时间(Mischel，Ebbesen & Raskoff Zeiss，1972)。教儿童想象有趣的事情，例如想象自己在唱歌、玩玩具，能够使得儿童将注意力从奖励上面转移开，从而等待更长的时间。在另一项研究中，儿童分四组参加实验。第一种实验条件要求儿童在等待的时候完成一个"用弹珠喂养小鸟宝宝"的任务。第二种实验条件要求儿童和小鸟宝宝一起等实验员回来，儿童在等待时可以用弹珠喂养小鸟宝宝。第三种实验条件让儿童和小鸟宝宝待在一起，没有提弹珠的事情。第四种实验条件儿童一个人等待实验人员。研究发现第一种条件儿童等待的时间最长，达到12分钟，其余三种条件依次为11分钟半、10分钟和9分钟(Peake，Mischel & Hebl，2002)。

一项追踪研究考察了18个月大的学步儿和母亲分离时的注意分配策略。当母亲离开时，有些学步儿采用了分散注意的策略，他们开始看玩具、玩玩具，或是和实验室的一个陌生人交流。研究表明，18个月能使用分散注意策略的儿童，4岁时在延迟满足任务中能等待更长时间(Sethi et al.，2000)。这说明注意分配策略能促进延迟满足的发展。

我们能否通过训练儿童的注意分配策略来提高儿童的延迟满足能力呢？Murray等(2018)开展了一项为期7天的注意训练项目。在注意训练任务中，儿童需要听各种各样的声音，例如流水声、铃声，同时指导儿童将注意集中在这些声音上，或是将注意从这些声音移开。对照组的儿童仅参与延迟满足任务，不参与上述训练。研究发现干预组的延迟满足时间从最初的9分钟延长到了12分钟，而对照组从9分钟延长到了10分钟，干预组的延迟满足能力提升明显多于对照组，说明训练注意能力可以改善儿童的延迟满足能力。

近些年来研究者发现信任感会影响儿童在延迟满足任务的等待时间。我们知道，如果一个人总是背弃承诺，他许诺的"以后给你一个新玩具"就不大可能实现，这个时候先拿到近在眼前的小奖励反而是更加理性的选择。

有研究发现，背弃承诺的人更不可信，儿童会因此减少等待的时间(Kidd，Palmeri & Aslin，2013)。该实验的前两个环节让儿童感受实验员的可信程度。在第一个环节儿童可以选择立即使用一支画笔画画，也可以等待实验员拿一些新的绘画工具。由于盛放画笔的盒子很难打开，所有儿童都等到实验员回来。此时有一半的儿童被告知"对不起，我们没有新的绘画工具，你用盒子里面的画笔吧"(不可信条件)，另一半的儿童得到了一套新的画画工具(可信条件)。在第二个环节,实验员告诉儿童可以选择马上得到一个小贴纸,或是等实验员拿一些大的贴纸。随后实验员将小的贴纸放在桌子上后离开。因为专注于画画,所有儿童都等到了实验员回来。此时有一半儿童被告知"没有贴纸了"(不可信条件),另一半的儿童得到了一套贴纸(可信条件)。最后儿童完成一个延迟满足任务,先前经历了两次欺骗的儿童只等待了不到 5 分钟,而可信条件下的儿童等待了 12 分钟。

上述实验中实验员连续两次没有兑现儿童的承诺,最终使得儿童失去了耐心。事实上,欺骗第三人的行为也会减少儿童等待实验员的耐心(Michaelson & Munakata, 2016)。在这个研究中,实验员破坏了另一个人的手工作品。可信的实验员承认了自己的过失(可信条件),而不可信的实验员否认是自己做的(不可信条件)。随后实验员向儿童介绍延迟满足游戏,目睹了欺骗场景的儿童只等待了 4.7 分钟,目睹诚实场景的儿童却等待了 15 分钟。

本研究的目的是:采用延迟满足任务,测量儿童的延迟满足能力。

二、研究对象与材料

1. 研究对象:随机选大班、中班、小班儿童,男女各半。
2. 研究材料:铃铛、贴纸和计时工具。

三、研究程序

1. 主试向儿童展示一些贴纸,让儿童选出喜欢的一张。
2. 主试告诉儿童:"我要出去一会儿,现在你可以选择拿一张贴纸,也可以等我回来,那样你就可以拿两张贴纸。如果你不想等了,你就摇这个铃铛,然后我就会回来,不过这样你只能拿到一张贴纸。"
3. 为了确保儿童听懂,需要问儿童 3 个问题:
(1)如果你能一直等到我回来的话,你可以得到几张贴纸?
(2)如果你不想等了,你怎么做才能把我叫回来?
(3)一旦你按了铃,你将得到几张贴纸?
4. 主试告诉儿童:"现在我要出去了,你坐在椅子上等我。"
5. 主试离开房间,等到 15 分钟以后或是儿童摇铃铛的时候返回房间。记录儿童摇铃铛前的等待时间。
6. 在实验过程中记录儿童看向贴纸的时间和看向房间其他位置的时间。

四、结果分析

1. 比较不同年龄儿童的延迟满足时间。

2.比较不同年龄儿童看向贴纸的时间。

五、讨论

1.不同年龄儿童延迟满足能力的发展有何差异？

2.在延迟满足任务中,儿童在等待的过程中采用了哪些策略？

3.哪些因素会影响儿童的延迟满足能力？

参考文献

Kidd C,Palmeri H,Aslin R N. Rational snacking:Young children's decision-making on the marshmallow task is moderated by beliefs about environmental reliability[J]. Cognition,2013,126(1):109-114.

Ma F,Chen B,Xu F,et al. Generalized trust predicts young children's willingness to delay gratification[J]. Journal of Experimental Child Psychology,2018(169):118-125.

Metcalfe J,Mischel W. A hot/cool-system analysis of delay of gratification:Dynamics of willpower[J]. Psychological Review,1999,106(1):3-19.

Michaelson L E,Munakata Y. Trust matters:Seeing how an adult treats another person influences preschoolers' willingness to delay gratification[J]. Development Science,2016,19(6):1011-1019.

Mischel H N,Mischel W. The development of children's knowledge of self-control strategies[J]. Child Development,1983,54(3):603-619.

Mischel W,Baker N. Cognitive appraisals and transformations in delay behavior[J]. Journal of Personality & Social Psychology,1975,31(31):254-261.

Mischel W,Ebbesen E B,Raskoff Z A. Cognitive and attentional mechanisms in delay of gratification[J]. Journal of Personality and Social Psychology,1972,21(2):204-218.

Mischel W,Ebbesen E B. Attention in delay of gratification[J]. Journal of Personality and Social Psychology,1970,16(2):329-337.

Mischel W,Shoda Y,Peake P K. The nature of adolescent competencies predicted by preschool delay of gratification[J]. Journal of Personality and Social Psychology,1988,54(4):687-696.

Murray J,Scott H ,Connolly C,et al. The attention training technique improves children's ability to delay gratification:A controlled comparison with progressive relaxation[J]. Behaviour Research & Therapy,2018(104):1-6.

Peake P K,Mischel W,Hebl M. Strategic attention deployment for delay of gratification in

working and waiting situations [J]. Developmental Psychology，2002，38（2）：313-326.

Sethi A，Mischel W，Aber J L，et al. The role of strategic attention deployment in development of self-regulation：Predicting preschoolers' delay of gratification from mother-toddler interactions[J]. Developmental Psychology，2000，36(6)：767-777.

Vaughn B E，Kopp C B，Krakow J B. The emergence and consolidation of self-control from eighteen to thirty months of age：Normative trends and individual differences [J]. Child Development，1984，55(3)：990-1004.

第 4 章

情绪与个性

　　情绪是个体非常基本的主观体验,它与我们的健康息息相关。我们不仅需要清楚地识别自己和他人的情绪,合理地表达情绪,还需要管理好自己的情绪,这些能力都是良好人际关系的基石。

　　在观察其他人的情绪时,我们都有过这样的体会:每个人理解和表达情绪的方式和强度是有差别的。看看周边的小孩,我们会注意到有的孩子容易体验到积极的情绪,有的孩子看起来总是闷闷不乐;有的孩子一发脾气就又哭又闹,有的孩子即使很生气了,依然很安静;有的孩子见到陌生人能马上熟络起来,有的孩子即使遇到熟悉的小伙伴也不会主动打招呼;有的孩子看到新奇的事物便会管不住自己的手想要去碰,有的孩子看到陌生的事物则会变得十分谨慎。以上的情绪和行为表现反映了儿童的不同气质。

基本情绪理解

　　在和他人交往时,我们很容易只关注自己的情绪,然而识别和理解他人情绪是必不可少的。试想这样的场景:当一名儿童被捉弄而变得伤心,情商高的儿童能够识别和理解他人情绪,他们可能采取适当的情绪管理措施,例如安抚和帮助正在发愁的同伴。这样的儿童往往能和同伴建立良好的关系。而不能很好识别并理解他人情绪的儿童可能会因对方变得狼狈而发笑,使得对方以为自己受到嘲笑而产生攻击或逃避行为,这也就不利于个体之间的社会交往。那么,儿童对他人情绪的识别和理解能力究竟如何呢?

　　情绪理解,也称情绪认知(emotion knowledge),是指儿童理解情绪的原因和结果,以及应用这些信息对自我和他人产生合适的情绪反应的能力(Cassidy et al.,1992)。儿童情绪认知能力作为儿童情商的一个重要方面,包括 9 种不同的成分:(1)面部情绪识别;(2)引发情绪的外部原因的理解;(3)基于愿望的情绪理解;(4)基于信念的情绪理解;(5)相关提示物对当前情绪状态的理解;(6)对情绪可控的理解;(7)对掩藏情绪状态的理解;(8)混合情绪的理解;(9)道德情绪的理解(Pons,Harris & de Rosnay,2004)。总的来说,可将情绪理解的 9 种成分,分为静态理解过程和动态理解过程两部分(徐琴美,何洁,2006)。

早期关于情绪理解的研究多关注静态理解过程,即儿童对他人情绪状态的理解。如采用表情识别和命名任务探究儿童能否辨别和正确命名他人的面部表情(如高兴、伤心、生气、害怕),采用情绪情景识别任务探究儿童能否理解主人公在特定情景会表现出的心情,采用混合情绪理解任务探究儿童能否理解个体在同一情景中会产生多种不同的,甚至是相互矛盾的情绪。后续的研究则逐渐开始关注动态理解过程,即儿童是否能够理解情绪产生的过程。如采用情绪归因任务探究儿童能否理解情绪产生的原因,采用情绪错误信念任务探究儿童能否根据他人而非自身的愿望和信念来推断其情绪的表达,采用表面与真实情绪任务探究儿童是否理解当个体产生多种或矛盾情绪时如何根据社会规则来表达情绪,采用冲突问题解决任务探究儿童能否理解个体产生的情绪对他人的影响,以及个体在产生消极情绪后如何调节情绪以减少消极情绪的影响。

本章的第一个研究将通过表情识别任务,探讨学龄前儿童情绪理解的发展。

自我意识情绪

情绪是一种混合的心理现象,个体可感受到自身所产生的不同情绪状态(主观体验),并通过面部表情、肢体动作和声音语调等表达(外部表现),同时还会产生相应的生理反应(生理唤醒)。从婴儿期开始,个体会逐渐表现出不同的情绪状态——从一开始因为饿了或者想尿尿了而哭泣,到见到陌生人会礼貌地微笑,再到面对陌生的环境会恐惧和焦虑。6 个月大的婴儿能够表现出高兴、惊讶、生气、不安和害怕的表情(Johnson et al. ,1982)。当他们不小心被夹到时会表现出痛苦的情绪,而轻轻摇动睡梦中的婴儿,他们会露出高兴的表情,当看向不同物体时,婴儿会表现出高兴或惊讶。

随着儿童自我意识的发展,儿童的自我意识情绪开始萌芽。18~24 个月婴儿可产生自我参照行为,能对自己的行为进行反思。在两岁左右儿童出现初级自我意识情绪:尴尬、同情、嫉妒;同时,儿童开始了解周边的世界,包括情绪图示、行为准则等。这导致了次级自我意识情绪,即自豪、羞愧和内疚的产生(Lewis et al. ,1989),如图 4-1 所示。

自豪和羞愧的产生依赖于儿童两种认知能力的发展:客观的自我意识,这使得儿童能够反思自己的行为;内化的行为标准,这使得儿童能根据一定的标准评判自己。当觉得自己成功时,他们会感到自豪,而觉得自己失败时会感到羞愧。

评价的标准可以是外在的,即其他人的评价。例如我们在完成一个艰难的任务,获得其他人认同时,我们会感到很自豪。评价标准也可以是内在的,即依据自己的知识和经验产生。例如,在某次考试中,你获得了第一,你知道自己在某个方面表现最好,此时你也会感到自豪;反之,如果你是最后一名,可能会产生羞愧。

另外,羞愧和自豪情绪和任务的难度也有关系。研究者发现 27~42 个月的儿童在简单任务中失败时,会更多地表现出羞愧,而在复杂任务中失败时,则较少表现羞愧;反之,当他们在复杂任务中成功时,多数儿童都会表现出自豪情绪(Lewis, Alessandri & Sullivan,1992)。

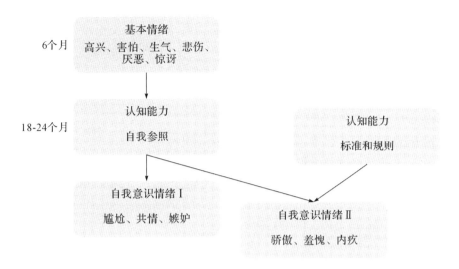

图 4-1　不同类型情绪的出现顺序(采自 Lewis et al. ,1989)

本章的第二个研究将通过假想故事法,探讨儿童对羞愧情绪的理解。

气质

什么是气质? 气质(temperament)是个体在情绪反应、活动水平、注意和情绪控制等方面所表现出的稳定的质与量的个体差异(Rothbart & Bates,1998;苏彦捷,2012)。例如,有的孩子成天嘻嘻哈哈,仿佛没有什么事能烦扰他/她;而有的孩子成天耷拉着嘴,动不动就哭鼻子,还会对许多事过分忧虑;还有的孩子则不常表达他们的情绪,既不会因为好事而兴高采烈,也不会因为坏事而快快不乐。以上三种类型的儿童在情绪表现和控制方面都有明显的差异,他们是属于三种不同气质的儿童。

Gesell(1928)在小样本追踪研究中发现不同儿童之间的气质具有较大差异。他认为气质对个体十分重要,具有一定的生理和遗传基础,并且可能会影响个体今后的发展。Shirley(1933)在观察婴儿的动作和智力发展的过程中也注意到婴儿具有“核心人格”,并认为有些核心人格是个体出生就有的,并且在不同个体之间存在较大的差异,而随着年龄增长,这些核心人格会一直保持和发展。

气质作为个体与生俱来的特质,是否有“三岁看大,七岁看老”的能力? 答案是部分肯定的。许多追踪研究表明,气质在个体的发展中具有中等程度的稳定性。也就是说,那些在婴幼儿期对新异事物存在高探索性,有高活动性和积极情绪的孩子,长大后也会比较外向;而那些面对新异事物十分小心谨慎,甚至表露出害怕的孩子,长大后则相对内向。但这并不意味着外向的孩子会越来越外向,内向的孩子会越来越内向。后天经验和社会环境,如父母教养、同伴交往等,均会对个体的气质发展产生影响。对于内向的孩子,如果父母在其进入新环境时予以恰当的支持和引导以减少其害怕情绪,会有助于其表现出稳定的情绪,从而更好地适应环境,与人交往。对于外向的孩子,如果发现自己总是被同伴拒绝、忽视或是低估,则有可能会变得内向,不爱与人交往,产生情绪问题。

本章的第三个研究将通过实验室观察,了解不同儿童的气质特点。

参考文献

苏彦捷. 发展心理学[M]. 北京:高等教育出版社,2012.

徐琴美,何洁. 儿童情绪理解发展的研究述评[J]. 心理科学进展,2006,14(2):223-228.

Cassidy J,Parke R D,Butkovsky L,et al. Family-peer connections:The roles of emotional expressiveness within the family and children's understanding of emotions[J]. Child Development,1992,63(3):603-618.

Gesell A. Infancy and human growth[M]. New York:Macmillan,1928.

Johnson W F,Emde R N,Pannabecker B J,et al. Maternal perception of infant emotion from birth through 18 months[J]. Infant Behavior and Development,1982,5(2-4):313-322.

Lewis M,Alessandri S M,Sullivan M W. Differences in shame and pride as a function of children's and task difficulty[J]. Child Development,1992,63(3):630-638.

Lewis M,Sullivan M W,Stanger C,et al. Self development and self-conscious emotions[J]. Child Development,1989,60(1):146-156.

Pons F,Harris P L,De Rosnay M. Emotion comprehension between 3 and 11 years:Developmental periods and hierarchical organization[J]. European Journal of Developmental Psychology,2004,1(2):127-152.

Rothbart M K,Bates J E. Temperament[M]//N Eisenberg (Ed.),W Damon (Series Ed.). Handbook of child psychology:Volume 3. Social,emotional,and personality development. New York:Wiley,1998:105-176.

Shirley M M. Locomotor and visual-manual functions in the first two years[M]//C. Murchison(Ed.). Handbook of child Psychology(rev.). New York:Wiley,1933.

研究 13　基本情绪理解

一、研究背景

　　情绪的识别和理解是情商的起点,情绪识别在人际交往中充当了重要的角色,比言语交流发挥作用的时间还要早。在前语言阶段,情绪就成了婴儿与外界交流的重要手段。对幼儿来说,情绪理解能力,即识别和理解自己与他人的情绪状态和情绪过程的能力,是控制与调节自身情绪并产生合适的情绪反应能力的前提(Izard et al. ,2001;徐琴美,何洁,2006)。研究也表明学龄儿童的情绪命名和识别等情绪理解能力与其学业成就和学校适应有较大的相关,也能够预测其之后的社会能力和同伴关系等(Izard et al. ,2001;徐琴美,何洁,2006)。由此可见,儿童对情绪的识别和理解是与他人交流和处理社会关系的基础,对个体发展和社会适应具有一定的影响。

情绪识别和命名

　　情绪是客观事物与人的愿望和需要之间关系的反映。当客观事物与愿望和需要相符时,个体会产生积极情绪;反之,则会产生消极情绪(苏彦捷,2012;彭聃龄,2012)。6个月左右的婴儿随着其面部表情加工能力和情绪知觉能力的增长,能够区分积极情绪与消极情绪,并作出不同的反应。这说明该阶段的婴儿已具备一定的情绪理解能力。

　　而随着年龄的发展,个体所能够区分的情绪类型越来越多。据此,研究者提出了基本情绪分类。一般认为,基本情绪主要包括高兴(happiness)、悲伤(sadness)、恐惧(fear)、愤怒(anger)、惊奇(surprise)和厌恶(disgust)六种(Ekman,Friesen & Ellsworth,1972;Ekman,1992;Sabini & Silver,2005)。

　　由于表情是情绪的外部表现,是易被观察到的某些行为特征,并且个体的表情识别能力可反映其通过情绪表情推测他人内部心理状态的能力,因而个体情绪理解能力的研究可从表情识别入手。而表情中的面部表情可通过面部不同肌肉变化对不同性质的情绪进行精细表达,是鉴别情绪的重要标志(彭聃龄,2012),因而是表情识别较为常用的材料。此外,多数研究还以六个基本情绪为材料对个体的情绪理解能力进行探究(Markham & Adams,1992;Widen & Russell,2003;Harrigan,1984)。因此,幼儿表情识别能力研究主要以基本表情的脸部图片(卡通线条画或真人照片)为材料,通过表情识别(emotion recognition)和表情命名(emotion labeling)任务进行探究。

　　表情识别的研究最早由 Gates(1923)提出,他对儿童对图片中人物状态的描述进行编码,以探究其对他人情绪的理解能力。随后的研究者在此基础上对研究方法进行改进,从而发展出表情识别、表情命名等范式用于儿童情绪理解的研究(Izard,1971;Denham,1986)。表情识别指儿童要从多张面部表情图片中指认出与主试所给情绪词一致的表情;表情命名指让儿童对所呈现图片中的表情进行自由命名。由于表情命名除了要求儿童要掌握相应的情绪词,还需要提取相应的情绪词并将其表达出来,因而幼儿表情识别的能力通常优于命名能力(Denham,1986;徐琴美,何洁,2006;王振宏等,2010)。

情绪理解发展

儿童的情绪理解能力究竟是如何发展的呢? Izard(1971)让 2～9 岁儿童对不同的面部表情进行识别与命名,结果发现,2～6 岁幼儿的表情识别能力随年龄增长而提高,在 6 岁时达到较高的水平,且儿童的情绪词汇与表情匹配的能力要强于口头表达能力,即儿童的表情识别能力好于表情命名的能力。国内学者姚端维等(2004)采用表情识别、情绪归因等任务对 3～5 岁幼儿的情绪理解能力进行测量,结果表明从 3 岁到 4 岁,幼儿的情绪理解能力发生显著变化;4～5 岁幼儿基本能够正确判断基本情绪及其产生原因,这说明 4 岁可能是儿童情绪理解发展的关键期。其他研究也表明,3～6 岁幼儿的表情识别和命名能力也在不断提高,且 3～5 岁是这些能力的迅速发展期(黄煜峰等,1986;姚端维,陈英和,赵延芹,2004;王振宏等,2010)。5～6 岁幼儿能够对自己和他人的情绪给出合理解释,且幼儿更倾向于对消极情绪给出解释。

学龄前儿童虽然已具备基础的情绪理解能力,但只能通过较为明显的外部表情来识别和判断情绪,也较难理解复杂或表面上相互矛盾的情绪。到童年期以后,随着认知和语言能力的进一步发展,儿童的情绪能力也得到提高。他们不但能够理解更为复杂的情绪(如羞愧),还能根据他人内部心理状态理解情绪,也懂得情感交流具有复杂性,知道个体在同一情境下能产生多种情绪,能综合考虑情绪线索理解矛盾情绪,也能理解并运用情绪表达的社会规则,在适当的场合表达适当的情绪。

情绪识别与命名的差异

Izard(1971)在进行儿童情绪识别与命名的研究时,发现 6 岁以下的儿童对表情命名无法做出恰当的反应,因而对 2～6 岁幼儿采用先表情识别后表情命名的方式来测量。这也说明儿童的情绪命名能力因为受到语言能力的影响而比情绪识别能力发展得要晚一些。

由于情绪识别对儿童的语言能力要求不高,只需要儿童具有理解他人表情的能力,因而学龄前儿童就可准确识别积极情绪。而对消极情绪的识别能力则随年龄增长而逐步提高,特别是对愤怒和悲伤情绪的识别能力在 4～5 岁有较大的提升。已有研究结果表明,幼儿对高兴情绪的识别发展得最早,也发展得最好,其次是愤怒和悲伤,之后是恐惧、惊讶、厌恶和轻蔑(徐胜三,权朝鲁,张福建,1990;黄煜峰等,1986;王振宏等,2010)。

对于情绪命名能力,由于3岁幼儿未能很好地掌握和表达情绪词汇,因而大部分儿童不能够准确地对情绪进行命名,但可以用"笑""哭"等词进行描述。随着年龄的发展,幼儿对积极情绪的命名能力发展得最好,对消极情绪的命名能力则逐渐发展起来。幼儿开始倾向于用"不开心""不高兴"去概括消极情绪,年龄较大的幼儿则可以准确地命名愤怒和悲伤情绪,而对于惊讶、害怕、厌恶等消极情绪的命名能力仍然较弱(王异芳,赵怡菲,2009)。然而也有研究表明,3~6岁幼儿对高兴、愤怒和悲伤的情绪命名能力是同步发展的(Harrigan,1984;Markham & Adams,1992;王振宏等,2010)。

上述研究结果的不一致性除了受到文化、经验等影响,也可能受研究所采用的图片类型影响。相关研究表明,6岁幼儿对卡通表情的识别和命名能力要强于真人表情,尤其是对悲伤情绪的识别和命名(郑娴等,2014)。然而,现有研究多以真人照片为材料,仅有少数研究采用卡通图片或线条画探究个体的情绪理解能力。

不同表情的识别能力

从情绪识别能力的发展中,我们可以发现,幼儿对积极情绪的识别能力要好于消极情绪。王振宏等人(2010)的研究表明3岁幼儿基本能够准确识别积极情绪,而到了5~6岁,幼儿对积极情绪(高兴)的识别率便达到了100%。而3~6岁幼儿对消极情绪的识别率虽然逐步升高,但均低于对积极情绪的识别率,且5~6岁幼儿的识别率仍有提高的空间,具体表现为3岁幼儿有一半能够识别愤怒情绪,到五六岁时的正确识别率则有较小的提高。而3岁幼儿对悲伤、恐惧、惊奇和厌恶的识别率较低,正确率在20%左右。而幼儿对悲伤情绪的识别随年龄增长有显著的提高,到五六岁时正确率能达到80%以上。而在幼儿对不同消极情绪识别能力的高低上存在一定的争议。一些研究表明,幼儿对悲伤的识别力要强于愤怒(Camras et al.,1990;徐琴美,何洁,2006);而姚端维等(2004)的研究表明我国幼儿对愤怒情绪的识别力好于悲伤。但总体而言,研究支持幼儿对愤怒和悲伤情绪的识别能力要高于惊讶、恐惧和厌恶。

幼儿对不同情绪的识别能力之所以有所差异,在一定程度上取决于其对所呈现的不同面部表现线索的分辨能力。在基本情绪中,积极情绪就只有高兴一类。同时,微笑是高兴情绪的典型表情,表现为眼睛眯起,眼睑收缩,脸颊上抬,嘴角上扬。这些表情线索不容易与其他情绪的表情线索混淆,因而幼儿对积极情绪的识别能力最好。在消极情绪中,悲伤和愤怒则是较为明显的消极情绪。悲伤的面部表情为双眉皱起并下压,眉头上扬、扭曲,嘴角下垂,下巴抬起或收紧,并且哭泣也是悲伤的典型反应,较容易从眼睛和嘴巴部分识别出悲伤情绪。愤怒的面部表情为眉毛下压、聚拢,眼睛睁大且怒视,鼻翼扩张,上下嘴唇收紧。同时,幼儿在与同伴的消极互动(如争抢玩具)中也更容易体验到悲伤和愤怒情绪,因而他们对悲伤和愤怒情绪的识别能力较好。而惊讶、恐惧的面部表情较为接近——惊讶表现为眉毛上扬,眼睛睁大,上眼睑提升,嘴巴自然张开并吸气;恐惧则表现为眉头聚拢、上扬,眼睛睁大,嘴巴张开。因而两者容易被混淆,从而使幼儿对两类情绪的识别率较低。厌恶则表现为眉毛下压并皱眉,眼睑紧绷,出现鼻唇沟,上唇提起,单侧嘴角上翘。由于厌恶和恐惧通常都是在面对具有威胁性的刺激时产生的情绪(雷怡,孙晓莹,窦皓然,2019),因而两者也容易发生混淆。

本研究旨在运用卡通和真人面部表情图片,探究3～6岁幼儿表情识别与命名能力的发展特点和性别差异,并探讨不同情绪的识别与命名的发展趋势。

二、研究对象和材料

1. 研究对象:幼儿园大班、中班、小班儿童,男女各半。
2. 研究材料:一套面部卡通表情图片(4张:高兴、伤心、害怕和生气);一套真人面部表情图片(6张:高兴、伤心、害怕、生气、惊奇和厌恶)。

三、研究程序

1. 表情识别:如图4-2所示,取一套面部表情图片(卡通或真人),将这套表情的所有图片随机排列后同时呈现在被试面前。随后,主试随机说出一种情绪(呈现的图片中有的),如询问儿童:"找一找,哪张(小朋友的)表情/脸是高兴的?"让儿童指出来。若儿童没有回答,则继续询问:"能指给我看一下,哪张(小朋友的)表情/脸是××的吗?"若儿童仍未回答,则记录"无反应";若儿童指出答案,则记录其回答(回答正确在对应表格内打"√",回答错误在对应表格内记录错误答案)。然后对图片进行重新排序,重复上述步骤,直到询问完所有情绪。

2. 表情命名:使用同一套面部表情图片,将这套图片逐张呈现在儿童面前(图片呈现顺序随机)。每呈现一张图片,主试询问儿童:"图片上的这个小朋友(或这张脸)是什么表情(或心情怎么样)?"让儿童说出该面部表情图片所呈现的情绪。若儿童没有回答或做出无关回答(如"不知道""这个不好看"),则主试予以提示,但不能出现情绪词汇(如"你觉得图片中的小人遇到了什么情况才会有这样的表情呢?""你在什么情况下会做出这样的表情呢?"),若儿童仍未回答或做出无关回答,则记录"无反应"或"无关回答";若儿童做出回答,则主试给予一定的肯定(如"嗯,很棒!")并记录其回答(回答正确在对应表格内打"√",回答错误在对应表格内记录错误答案。正确答案参考附表12-1)。然后换一张图片重复上述步骤,直到询问完所有情绪。

3. 换另一套图片,重复步骤2和步骤3。图片类型(卡通或真人)的测试顺序在被试间平衡。

4. 计分方式:对表情识别和表情命名,儿童每次回答正确计1分,回答错误(错误回答、无关回答、不知道)计0分,无反应不计分。

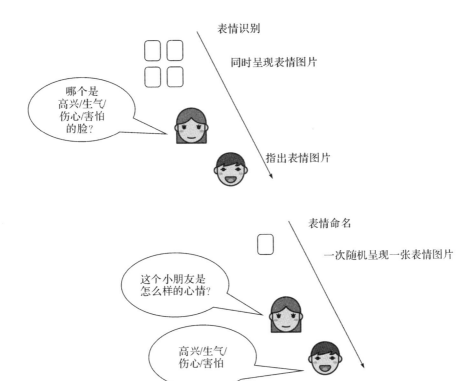

图 4-2　情绪理解研究程序

四、结果分析

1.计算儿童表情识别与表情命名正确率,并比较儿童对各表情识别与命名正确率之间的差异。

2.在卡通图片条件下,比较各表情的识别正确率的年级、性别差异和命名正确率的年级、性别差异。

3.在真人图片条件下,比较各表情的识别正确率的年级、性别差异和命名正确率的年级、性别差异。

五、讨论

1.不同图片类型和情绪类型对儿童表情识别和表情命名的正确率有怎样的影响?

2.儿童表情识别与表情命名正确率的差异随年级或年龄如何变化?

3.本实验中,儿童容易混淆哪些表情?

4.调换表情识别和表情命名的实验顺序会对实验结果有怎样的影响?

参考文献

黄煜峰,傅安球,林崇德,等.儿童与青少年情绪发展的实验研究[J].心理发展与教育,1986,2(1):1-14.

雷怡,孙晓莹,窦皓然.恐惧与厌恶情绪图片系统的编制:基于两种情绪的区分[J].心理科学,2019(3):521-528.

孟昭兰,阎军.确定婴儿面部表情模式的初步尝试.心理学报,1985,17(1):55-61,115-118.

彭聃龄.普通心理学[M].4 版.北京:北京师范大学出版社,2012.

苏彦捷.发展心理学[M].北京:高等教育出版社,2012.

王异芳,赵怡菲.3~5 岁儿童面部表情命名能力的发展特点[J].幼儿教育,2009(18):39-43.

王振宏,田博,石长地,等.3~6 岁幼儿面部表情识别与标签的发展特点[J].心理科学,2010,33(2):325-328.

徐琴美,何洁.儿童情绪理解发展的研究述评[J].心理科学进展,2006,14(2):223-228.

徐胜三,权朝鲁,张福建.关于儿童表情认知发展水平的研究[J].心理发展与教育,1990,6(1):24-27.

姚端维,陈英和,赵延芹.3~5 岁儿童情绪能力的年龄特征、发展趋势和性别差异的研究[J].心理发展与教育,2004,20(2):12-16.

郑娴,张筱群,郑潇雅,等.6 岁幼儿对卡通与真人面孔表情认知差异的研究[J].幼儿教育,2014(4):35-39.

Camras L A,Ribordy S,Hill J,et al. Maternal facial behavior and the recognition and production of emotional expression by maltreated and nonmaltreated children[J]. Developmental Psychology,1990,26(2):304-312.

Denham S A. Social cognition,prosocial behavior,and emotion in preschoolers:Contextual validation[J]. Child Development,1986,57(1):194-201.

Ekman P,Friesen W V,Ellsworth P. Chapter XIX:What are the similarities and differences in facial behavior across cultures? [J]. Emotion in the Human Face,1972,49(10):153-167.

Ekman P. An argument for basic emotions[J]. Cognition & Emotion,1992,6(3-4):169-200.

Gates G S. An experimental study of the growth of social perception[J]. Journal of Educational Psychology,1923,14(8):449-461.

Harrigan J A. The effects of task order on children's identification of facial expressions[J]. Motivation & Emotion,1984,8(2):157-169.

Izard C E. The Face of Emotion[M]. New York:Appleton-Century-Crofts,1971.

Izard C,Fine S,Schultz D,et al. Emotion knowledge as a predictor of social behavior and academic competence in children at risk[J]. Psychological Science,2001,12(1): 18-23.

Markham R,Adams K. The effect of type of task on children's identification of facial expressions[J]. Journal of Nonverbal Behavior,1992,16(1):21-39.

Sabini J,Silver M. Ekman's basic emotions:Why not love and jealousy? [J]. Cognition & Emotion,2005,19(5):693-712.

Widen S C,Russell J A. A closer look at preschoolers' freely produced labels for facial expressions[J]. Developmental Psychology,2003,39(1):114-128.

研究 14 羞愧情绪理解

一、研究背景

微课堂：自豪
与羞愧实验

自 20 世纪以来，心理学对于基本情绪的产生和表现形式有了大量的研究，对于自我意识情绪的研究则比较缺乏。虽然这两个领域都注重对情绪的分类，但是自我意识情绪并不像基本情绪那样具有独特的面部表情信号，它涉及更加复杂的认知评价过程，重视自我在情绪中的作用（Tracy & Robins，2004）。羞愧作为一种自我意识情绪，反映了个体违背社会期望后对于自我的消极评价。

Lewis（1971）将羞愧情绪分为两类：其一为外在羞愧（overt shame），体现为无助、缺乏控制感；其二为被摆脱的羞愧（bypassed shame），体现为羞愧和发怒（Mills，2005）。多数研究者采用第一种定义，例如 Belsky，Domitrovich 和 Crnic（1997）据此将 3 岁男孩在失败时表现出来的面部表情、言语反应和身体姿势作为羞愧情绪的指标。少数研究者采取第二种定义（Thomaes，Stegge & Olthof，2007），认为儿童未达到他人期望时发脾气的行为属于外化羞愧反应（externalizing shame response）。

羞愧情绪发展

皮亚杰的认知发展理论认为，学龄前儿童（3～7 岁）的思维具有自我中心的特点，他们一开始只能意识到自身的具体属性（例如所有物和活动），还不能体验到羞愧。到了童年中期（7～10 岁），儿童发展出抽象思维，有能力考虑内在的自我，才能够体验到羞愧情绪。

然而大量证据都表明，很小的儿童也能够意识到自我和他人的心理状态，能够评价自我。在 Lewis，Alessandri 和 Sullivan（1992）的经典实验中，父母要求 3 岁幼儿尝试拼图、临摹、抛球三类游戏，每种游戏均设置了容易版本和困难版本。实验发现，容易任务的失败经历比困难任务的失败经历更容易引发幼儿的羞愧，幼儿羞愧情绪的标志为眼睛低垂，试图退出任务，或声称自己不擅长这个游戏。目前学者普遍认为，学步儿开始体验到羞愧情绪（Tracy & Robins，2004；Mills，2005）。

在多数文化中，女性比男性更多地表达羞愧。Chaplin 和 Aldao（2013）对 4～12 岁儿童情绪表达的元分析发现，女孩比男孩更多地表达羞愧情绪。在一个经典研究中，尝试简单任务失败后女孩比男孩表现得更羞愧（Lewis，Alessandri & Sullivan，1992）。这可能是因为女孩被鼓励表达羞愧情绪。一项关于土耳其儿童的研究也发现，女孩比男孩更赞同表达自身的羞愧情绪（Okur & Corapci，2016）。

青春期和成年时期的女性比男性体验到更多的羞愧情绪(Else-Quest et al.，2012)。儿童的羞愧情绪体验未呈现出显著的性别差异，这部分是因为研究者对羞愧情绪的定义存在差别。有的研究把未达到他人期望时发脾气的行为视为羞愧，发现男孩的羞愧反应比女孩更强烈(Thomaes，Stegge & Olthof，2007)；有的研究关注儿童对自身身体形象的感受，发现女孩的羞愧体验比男孩强烈(Boyd，2006)；还有的研究考虑了学业领域的羞愧情绪，发现中国的男孩比女孩报告更多的羞愧情绪(Frenzel et al.，2007)。

为解释羞愧情绪的发展规律，Lewis 提出了认知归因理论，该理论强调认知能力对情绪的作用，把儿童对于"自我"的认识置于核心地位，将自豪、羞愧、内疚、尴尬、共情和妒忌等依赖于自我表征的次级情绪称为自我意识情绪。依据认知归因理论，儿童在认识到客体自我后(1.5～2 岁)就可能表现出初级自我意识情绪：尴尬、嫉妒、同情。例如，儿童因他人的痛苦而感到悲伤，表现出共情。这需要儿童意识到客体自我的存在，有了"自我"和"他人"的概念，从而有了"自我"对于"他人"的共情反应。而次级自我意识情绪，即自豪、羞愧和内疚则需要儿童理解外在的标准和规则，例如，儿童发现自己没有完成一个简单的任务，这违背了"社会"对"自己"的预期，激发了儿童羞愧的情绪。认知归因理论不仅预测了羞愧的发展规律，还区分了羞愧和内疚。虽然羞愧和内疚都涉及违背标准后个体对于自我的消极评价，但是羞愧的归因方式属于整体，反映了个体对整体自我的否定，而内疚的归因方式则属于局部，反映了个体对于自身特定行为的态度。

另外，从机能主义的角度看，每一种情绪都有其功能(Tangney，Stuewig & Mashek，2007)。羞愧情绪反映了个体对于社会期望的认识，它促使我们遵守社会规则。当违背社会规则时，我们会感到难为情，从而避免再次出现类似的情况。例如分配资源的时候，由于害怕别人给自己负面的评价，我们会表现得更公平一些(Ellingsen & Johannesson，2008)。一项研究发现，意识到羞愧情绪的儿童更少欺负别人或表现出攻击行为(Olthof，2012)。作为一种事后补救措施，表达羞愧情绪意味着祈求原谅和宽恕，它能促使人们重新建立起信任(Martens，Tracy & Shariff，2012)。

影响因素

羞愧情绪反映了违背标准后个体对于自我的消极评价，它受到认知评价的影响。当一个人认识到自己的行为是违背社会预期的时候，才有可能表现出羞愧。父母的教养方式、文化环境都会影响羞愧情绪的体验和表达，这些社会文化因素定义了产生羞愧情绪的原因和表达羞愧情绪的方式。

羞愧情绪受到父母教养行为的影响。Alessandri 和 Lewis(1993)观察了家长与孩子自然互动的情况，发现家长在互动中的负面评价与孩子的羞愧情绪正相关，正面评价与孩子的羞愧情绪负相关。这说明家长的评价能够激发孩子的羞愧情绪。Alessandri 和 Lewis(1996)进一步考察了有被虐待经历的学前儿童。实验中父母要求儿童完成拼图、画画和积木任务，每种任务包括简单条件和困难条件。研究发现被虐待过的女孩表现出更多的羞愧情绪。Belsky，Domitrovich 和 Crnic（1997）对 110 名 3 岁男孩展开调查，通过实验室观察，发现母亲侵入式的教养方式（把自己的目标施加给孩子却没有考虑孩子正在做什么）减少了孩子面对主试指责时的羞愧。Belsky 等人认为侵入性的教养方式使得儿童认为自己并不需要为行为的结果负责，所以表现出较少的羞愧。O'Neal 和 Magai（2005）也发现，和女孩相比，男孩觉得母亲更不支持自己表现出羞愧情绪。由此可见，父母对男孩和女孩羞愧情绪的发展有不同的影响。

抚养者的影响不仅仅体现在儿童对任务失败的情绪反应，而且反映在人际冲突的应对方式上。试想别人打翻了水，弄脏了你的作业。面对这一人际冲突的情境，尼泊尔 Tamang 地区的儿童感到羞愧，他们觉得不应该把作业放到水杯边上；尼泊尔 Brahman 地区的儿童感到生气。Cole，Shrestha 和 Tamang（2006）的自然观察发现 Tamang 地区的抚养者对儿童羞愧情绪的反应包括忽视、安抚和教育行为，Brahman 地区的抚养者的反应以忽略为主。当儿童生气时，Tamang 地区的抚养者更多地嘲笑儿童，Brahman 地区的抚养者更多地采取教育行为。对当地长辈的访谈发现，Tamang 地区的长辈注重儿童的社交能力，他们认为好孩子不应该生气，有的孩子表现不够好是孩子自己的原因；而 Brahman 地区的长辈对学习和社交能力都很关注，他们认为好孩子应该尊敬老师和长辈，但不必取悦别人，有的孩子表现不好是家长和老师的原因。

羞愧情绪的产生和表达还受到文化的影响。Tracy 和 Matsumoto（2008）分析了运动员失败后的情绪反应，发现来自集体主义文化的运动员较多做出肩膀低垂的表情，而来自个体主义文化的运动员虽然面部出现羞愧的表情，却没有表现出肩膀低垂的特点。另一项研究也发现，相比于美国人，重视集体主义文化的日本人更多地表达羞愧情绪（Boiger et al.，2013）。比如，一位在日本教学的美国教师表示很不理解，为什么日本学生在进出教师办公室的时候要说"打搅了"。跨文化研究发现，美国人认为"被挑衅""被伴侣欺骗"会引发羞愧，而日本人认为"没钱付款""自言自语时被人发现"会引发羞愧。

羞愧情绪理解

羞愧情绪理解的研究有两种常见的方法，其一是假想故事法，通过呈现虚拟的故事情境询问儿童故事的主人公可能体验到的情绪。另一种方法是访谈法，研究者通过访谈的方式询问儿童产生羞愧情绪的原因，它能够更完整地反映儿童对于羞愧情绪的认识。

有研究者认为 10 岁左右的儿童才能正确理解羞愧情绪，将羞愧和内疚区分开来。Ferguson，Stegge 和 Damhuis（1991）的任务要求二年级和五年级的小学生根据事件涉及的情绪将不同故事情境分类，二年级的学生认为令人羞愧的故事情境只会引发羞愧情绪，五年级的学生却认为令人羞愧的故事情境可以同时引发羞愧和内疚。这意味着 10 岁左右儿童能够认识到羞愧和内疚的区别。另有研究发现二年级至三年级儿童的羞愧情绪理解出现了显著的提升（丁芳，范李敏，张琛琛，2013）。

不同文化下儿童对羞愧的理解存在差异。Berti，Garattoni 和 Venturini（2000）采用开放式访谈研究了意大利儿童对情绪原因的理解,35%的5～6岁儿童认为羞愧情绪是失败导致的,没有儿童认为内疚情绪是失败导致的。Berti 等人指出,儿童对于归因可控性的理解并不能够解释羞愧情绪理解的发展特点,儿童在 10 岁以前就能够理解羞愧情绪。当我们使用"羞愧"一词的时候,也许要考虑语言因素的影响(Mendoza et al.,2010)。Berti 等人的研究还发现,半数7～8岁的儿童认为羞愧情绪是由尴尬的情境(和陌生人接触)导致的。这可能是因为意大利语 vergogna 不仅仅表示羞愧,还具有尴尬和害羞的意思。意大利人也比美国人更多地使用"羞愧"一词。西班牙语和意大利语同属于拉丁语族,羞愧在西班牙语中译为 verguenza。不少西班牙人认为羞愧情绪只有在他人存在的情境下才会出现,而美国被试不认同这种观点。一些美国被试认为羞愧情绪会在违反道德的情景下出现,而西班牙人认为 verguenza 和道德没有关系。从这个角度看,美国人倾向于把羞愧和内疚相联系,他们强调羞愧可以由内在的、违反道德的因素引发。而西班牙人倾向于把羞愧和尴尬相联系,他们强调羞愧是由他人存在而引发的。

本研究旨在通过假想故事法探讨学前儿童对羞愧情绪的理解。

二、研究对象和材料

1.研究对象:4、5、6岁儿童,男女各半。

2.研究材料:一幅有情景的图画,描述的是在班级里发生的令一个小朋友产生羞愧的情景,画上有一群小朋友刚刚画好一些线条围在一张桌子旁边,目标人物是一个表情沮丧的小朋友,他旁边是 2 个脸上有点得意地笑着的小朋友以及一个正在对目标人物说话的老师,在老师的头顶上圈出一块写着这样的话:"你看看你的画,你知道怎么把它们的颜色画得更好的,所有其他的孩子都画对了。"(在这里引入了违背社会标准和观众的强烈反应两个变量,而且画图这样的任务不会引起太过强烈的情绪反应,目标儿童只是显得有点沮丧而不是尴尬。)

三、研究程序

1.主试向儿童介绍任务:"小朋友,你来看这张图片,图片上画的是小明的故事。小明刚刚上完美术课,桌上放的是他画的画,老师和同学都围在旁边看,老师说(主试指着图片上的字):你看看你的画,你知道怎么把它们的颜色画得更好的,所有其他的孩子都画对了。你听懂了吗?"

2.主试询问儿童:现在小明觉得怎么样? 是开心、伤心、生气还是羞愧?

3.询问原因:小明为什么这样觉得?

四、结果分析

1. 比较不同年龄儿童选择羞愧、生气和其他情形的比例。
2. 比较不同性别儿童选择羞愧和生气的比例。
3. 分析儿童对情绪原因的回答。

五、讨论

1. 关于羞愧情绪的理解儿童在发展上有什么特点?
2. 关于羞愧情绪的理解是否存在性别差异?为什么会有这样的差异?
3. 儿童对羞愧原因的理解在年龄上的差异说明了什么?(是什么导致了这样的变化?)

参考文献

丁芳,范李敏,张琛琛.小学儿童羞耻情绪理解能力的发展[J].心理科学,2013(5):1163-1167.

Alessandri S M,Lewis M. Differences in pride and shame in maltreated and nonmal treated preschoolers[J]. Child Development,1996,67(4):1857-1864.

Alessandri S M,Lewis M. Parental evaluation and its relation to shame and pride in young children[J]. Sex Roles,1993,29(5-6):335-343.

Belsky J,Domitrovich C,Crnic K. Temperament and parenting antecedents of individual differences in three-year-old boys' pride and shame reactions[J]. Child Development,1997,68(3):456-466.

Berti A E,Garattoni C,Venturini B. The understanding of sadness,guilt,and shame in 5-,7-,and 9-year-old children[J]. Genetic Social & General Psychology Monographs,2000,126(3):293-318.

Boiger M,Mesquita B,Uchida Y,et al. Condoned or condemned:The situational affordance of anger and shame in the United States and Japan[J]. Personality and Social Psychology Bulletin,2013,39(4):540-553.

Boyd J J. Cultural differences in body image shame between mainland American and indigenous Hawaiian children[J]. Dissertation Abstracts International:Section B. Sciences and Engineering,2006,66(9):5078.

Chaplin T M,Aldao A. Gender differences in emotion expression in children:A meta-analytic review[J]. Psychological Bulletin,2013,139(4):735-765.

Cole P M,Shrestha S,Tamang B L. Cultural variations in the socialization of young children's anger and shame[J]. Child Development,2006,77(5):1237-1251.

Ellingsen T,Johannesson M. Anticipated verbal feedback induces altruistic behavior[J]. Evolution and Human Behavior,2008,29(2):100-105.

Else-Quest N M,Higgins A,Allison C,et al. Gender differences in self-conscious emotional experience:A meta-analysis[J]. Psychological Bulletin,2012,138(5):947-981.

Ferguson T J,Stegge H,Damhuis I. Children's understanding of guilt and shame[J]. Child Development,1991,62(4):827-839.

Frenzel A C,Thrash T M,Pekrun R,et al. Achievement emotions in Germany and China:A cross-cultural validation of the academic emotions questionnaire-mathematics [J]. Journal of Cross-Cultural Psychology,2007,38(3):302-309.

Lewis H B. Shame and guilt in neurosis[M]. New York:International Universities Press,1971.

Lewis M,Alessandri S M,Sullivan M W. Differences in shame and pride as a function of children's gender and task difficulty[J]. Child Development, 1992, 63(3): 630-638.

Martens J P,Tracy J L,Shariff A F. Status signals:Adaptive benefits of displaying and observing the nonverbal expressions of pride and shame[J]. Cognition & Emotion, 2012,26(3):390-406.

Mendoza A H D,Fernández-Dols J M,Parrott W G,et al. Emotion terms, category structure, and the problem of translation:The case of shame and vergüenza[J]. Cognition & Emotion,2010,24(4):661-680.

Mills R. Taking stock of the developmental literature on shame[J]. Developmental Review,2005,25(1):26-63.

Okur Z E,Corapci F. Turkish children's expression of negative emotions:Intracultural variations related to socioeconomic status[J]. Infant & Child Development,2016, 25(5):440-458.

Olthof T. Anticipated feelings of guilt and shame as predictors of early adolescents' antisocial and prosocial interpersonal behaviour[J]. European Journal of Developmental Psychology,2012,9(3):371-388.

O'Neal C,Magai C. Do parents respond in different ways when children feel different emotions? The emotional context of parenting[J]. Development and Psychopathology,2005,17(2): 467-487.

Tangney J P,Stuewig J,Mashek D J. Moral emotions and moral behavior[J]. Annual Review of Psychology,2007,58(1):345-372.

Thomaes S,Stegge H,Olthof T. Externalizing shame responses in children:The role of fragile-positive self-esteem[J]. British Journal of Developmental Psychology,2007, 25(4):559-577.

Tracy J L,Matsumoto D. The spontaneous expression of pride and shame：Evidence for biologically innate nonverbal displays[J]. Proceedings of the National Academy of Sciences,2008,105(33)：11655-11660.

Tracy J L,Robins R W. Putting the self into self-conscious emotions：A theoretical model[J]. Psychological Inquiry,2004,15(2)：103-125.

研究 15　气质

一、研究背景

微课堂：儿童天性与教养

　　在同龄群体中，有些婴儿时常挥舞四肢，且会高兴地大笑，甚至尖叫；有些婴儿则总是安静乖巧地躺着。到幼儿阶段，个体之间的差异可能会更加明显。有的孩子能很快适应新环境，对陌生事物有巨大的热情，乐于与人交往，行动迅速但也较为冲动；有的孩子则总是待在父母身边，拒绝进入新环境，害怕陌生事物和人，做事小心谨慎。不同儿童之所以在活动性水平和情绪反应上存在如此大的差异，很大程度上是因为受到气质的影响。

　　Rothbart 和 Bates 等人认为，气质是指在情绪、活动和注意领域中，个体间在反应性和自我控制等方面存在的个体差异（Rothbart & Bates,1998；Rothbart,1989）。其中，反应性指个体对内外环境变化所产生的反应，包括具体的行为、情绪反应和一般性的反应倾向性。如当个体在面对环境中的新异或陌生刺激时，可能会十分积极地接近并探索，也可能会十分谨慎地在一旁观察。自我控制指个体调节反应性的过程。如当个体因好奇心而忍不住去碰被禁止触摸的物体时，抑制自己冲动行为的能力；以及在产生消极情绪时，调节自身情绪的能力。

气质维度

　　有关气质的分类，早在古希腊时期就有希波克拉底提出的"体液学说"，将气质分成胆汁质、多血质、黏液质和抑郁质四类。而对儿童的气质分类，最有影响力的研究是 Chess 和 Thomas（1977）进行的"纽约追踪研究"（New York Longitudinal Study, NYLS）。通过对 3～6 个月大的婴儿的父母进行深入全面的访谈，对婴儿在各类情境下的行为表现进行提炼，他们提出用 9 个维度来描述儿童的气质，分别为活动性水平（activity level）、节律性（rhythmicity）、注意分散（distractibility）、接近与退缩（approach/withdrawal）、适应性（adaptability）、注意的广度和持久性（attention span and persistence）、反应强度（intensity of reaction）、反应阈限（threshold of responsiveness）和心境质量（quality of mood）。并在此基础上进一步归纳出 3 类基本的气质类型：容易型（easy）、困难型（difficult）和慢热型（slow-to-warm-up）。

　　容易型儿童一般处于愉快、积极状态中，生活规律，情绪反应温和，乐于探寻新事物，容易适应新环境。这类儿童在群体中的数量最多，高达 40%。困难型儿童的特点与容易型相反，对事物反应消极，容易紧张和哭泣，生活没有什么规律，情绪反应强烈，对事物敏感，也很难适应新环境。这类儿童在群体中所占比例为 10%。迟缓型儿童的情绪反应没有困难型儿童强烈,活动水平低,能够缓慢适应新环境。这类儿童在群体中所占比例为 15%。在 Chess 和 Thomas 的研究中,还有三分之一的儿童难以归到上述三类中。

然而追踪研究发现,Chess 和 Thomas 提出的 9 个维度的预测力并不强。婴儿早期的观察并不能很好地预测 4 岁儿童的情况。9 个维度在学龄前儿童稳定性的测量中,最高的相关为 0.3。因此,Rothbart 等(1989,1998)采用问卷法,并通过对多项问卷进行因素分析以修正 Chess 和 Thomas 提出的九维度。在探究婴儿气质维度的研究中,发现了气质结构包括消极情绪性、外倾性、适应/控制、节律性等维度,并对积极情绪和消极情绪,以及消极情绪中的害怕和愤怒进行了区分。而在此之后,Gartstein 和 Rothbart(2003)再次对婴儿气质维度进行因素分析,得到了婴儿气质的三个主要维度:外倾性(surgency/extraversion)、消极情绪(negative affectivity)和适应/调节(orienting/regulation)。而在探究儿童气质维度的研究中,同样得到了三个主要因素:外倾性、消极情绪和努力控制(effortful control)。

外倾性主要描述儿童对活动的积极参与性,面对事物或与人交往时的主动性,行为方式的冲动性,以及采取冒险行为的倾向性等。高外倾性的儿童通常行为无拘无束,乐于探索环境,会主动与陌生人发起交流,同时也有较高的冲动行为,喜欢具有冒险性的活动。消极情绪主要描述儿童在面对人、事、物,特别是陌生人和新异事物时的胆怯与害怕程度。具有高消极情绪的儿童常常会感到悲伤、焦虑、害怕,容易哭泣,甚至产生生理上的反应(如找不到病因的肚子疼)。努力控制主要描述儿童注意力的集中性,抑制自身行为和调节情绪的能力。具有高努力控制的儿童常常注意力集中,能较好地抑制自身的冲动行为,能够控制自身的情绪唤醒水平,也能够采用一定的策略调节自身情绪。

Fox 则根据 Gray(1991)行为趋近系统(behavioral approach system,BAS)和行为抑制系统(behavioral inhibition system,BIS),提出了气质的趋近—抑制动机理论(temperament reactivity on approach-withdrawal motivational theory),认为不同的儿童对新异刺激有趋近和抑制这两种不同的反应倾向。趋近儿童(exuberant children)由于 BAS 的作用更强,因而对奖励更加敏感,被认为具有趋近行为倾向和积极反应气质(positive reactivity temperament);而抑制儿童(inhibition children)由于 BIS 的作用更强,因而对由惩罚、新异刺激而产生的害怕更为敏感,被认为具有回避行为倾向和消极反应气质(negative reactivity temperament)(何洁,2009;刘玉霞,2013)。从行为反应性和消极情绪上看,趋近儿童在面对陌生和新异刺激时,有较多的积极情绪和较高的活动性和探索欲,也更容易产生较多自发的、主动的社交行为。同时,他们也更容易产生愤怒、生气情绪,具有较多的攻击、破坏、冲动等外化性行为问题。而抑制儿童在面对陌生和新异刺激时,容易出现害怕、焦虑等情绪,以及退缩、回避等内化性行为问题。

不管是何种气质维度,都可以发现研究者们倾向于从多种维度,而非以整体、单一的结构来描述气质结构。同时,一系列的气质研究表明每个气质结构不是单极的,比如趋近和抑制是属于不同的维度,而非趋近—抑制这一个维度的两极。

气质的遗传性

许多行为遗传学研究表明遗传和基因对气质发展有重要作用。Newman,Tellegen 和 Jr(1998)发现分开抚养的同卵双生子之间的特质相关性（相似性）与共同抚养的同卵 双生子并无显著差异。Plomin 等人的研究表明,同卵双生子在活动水平、易怒性等气质 特征上的相关性要高于异卵双生子(Cherny et al.,1994；Plomin,Owen & Mcguffin, 1994)。遗传生物基础与个体的气质特点也存在一定的对应关系。此外,前额脑电非对 称性模型(frontal electroencephalogram asymmetry)支持了个体的趋近和抑制气质存在一 定的生理基础。较强的左侧前额脑电活动性与个体的趋近倾向相关,而较强的右侧前 额脑电活动性则与个体的抑制倾向相关。同时,该模型也能够反映趋近和抑制气质中 不同的情绪反应倾向。左侧前额脑电的活动性与趋近倾向的情绪（如快乐、热情、希望） 相关,而右侧前额脑电的活动性则与抑制倾向的情绪（如伤心、焦虑、厌恶、害怕）相关 (Davidson et al.,1990；Fox,Bell & Jones,1992；Harmon-Jones,2004)。此外,抑制气 质儿童的心率和激素水平均较高,这可能是杏仁核的易兴奋性,以及与个体的害怕情 绪、抑制行为相关的大脑结构在其中起作用。

气质的稳定性与发展

由于个体的气质会受到遗传和生理基础的影响,因而会表现出一定的稳定性。追 踪研究表明,个体在婴儿期的活动性水平、易激惹性、社交性、节律性和坚持性等到七八 岁时具有较高的稳定性,甚至有些因素到了成年期也都有中等程度的相关性(Caspi & Sliva,1995；Pedlow et al.,1993)。具体而言,在积极情绪方面,从3～13.5个月大的婴 儿身上观察到微笑和大笑具有较高的稳定,且婴儿期的积极情绪可预测个体七八岁时 的趋近性。在外倾性方面,那些在三四岁时表现出高外倾、善于承担责任、能快速适应 环境的儿童,在18岁时具有较高的冲动性、领导性,较少的胆怯；而那些表现出害怕的 儿童则会在成年早期表现出高回避性。坚持性等特点到儿童七八岁时仍具有较高的稳 定性。

然而,Pfeifer 等(2002)对4岁和7岁儿童进行研究,发现其中约一半儿童的气质在 3年间未发生变化,而另一半儿童的气质则开始趋中。这说明气质虽然能够体现个体稳 定的行事和情绪风格,但也不是一成不变的。一方面,气质的遗传生物学基础随个体的 成熟而不断发展；另一方面,个体的成长环境和经验也对个体的行事风格和反应方式产 生影响。相同的气质在不同的社会环境中可能会发展出不同的结果；相反地,不同的气 质可能通过社会环境的作用发展出相似的结果。

总体上看,从早期强调气质具有跨时间的稳定性,到现在从动态和发展的角度去看 待气质,从早期多以婴儿为研究对象,到现在更多关注儿童、青少年的气质特点,有关气 质的研究正在不断深入和推进。之所以存在这样的现象,是因为越来越多的行为和生理研究表明气质不仅仅受到基因的影响,后天的环境、经验也对个体的气质发展有重要作用,从而影响到个体社会性(社交、攻击性、社会退缩等)的发展。

气质测量

儿童气质测量主要包括问卷报告法、观察法等。问卷报告法是通过父母、老师等熟悉儿童特点的成人,或是具有自我报告能力的儿童本人填写问卷,从而获得儿童气质特点的研究方式。常用的气质问卷如 Rothbart 及其同事编制的婴儿行为问卷(Infant Behavior Questionnaire,IBQ)、儿童行为问卷(Children Behavior Questionnaire,CBQ)等系列适用于不同年龄段的气质问卷,纽约追踪研究小组编制的 3～7 岁儿童气质问卷(Parent Temperament Questionnaire,PTQ),以及 Plomin 等人编制的科罗拉多儿童气质问卷(Colorado Childhood Temperament Inventory,CCTI)等。问卷可以在短时间内了解儿童在不同情境下的行为表现,从而方便快捷地获得较全面的气质信息,因而较多地被研究者们所运用。然而,问卷报告因容易受到评估者的记忆情况、对儿童的了解程度、对指导语的理解情况,以及社会期许等的影响,从而具有较大的主观性。同时,问卷报告所得到的结果更多的是儿童在父母面前的行为反应,因而也存在一定的偏向性。

观察法能够在一定程度上解决主观性问题。观察法包括自然观察法和实验室观察法。其中,自然观察法是指在自然情境下,如学校、家庭,通过观察儿童的行为活动对其气质进行评价的方法,具有更好的客观性和生态效度。实验室观察法是指研究者在实验室中通过创设一定的情境,观察儿童的行为反应,从而进行气质评估的方法。

实验室观察法可通过精确控制来诱导出儿童在面对陌生刺激时的趋近或退缩行为及反应强度,从而可以减少主观偏见,较为客观地对气质进行评价。同时,通过创设情境,研究者能够更好地观察感兴趣的气质特点,因而实验室观察法更常被用于研究中。然而,由于观察法需要对所观察行为进行大量编码工作,因而较为耗时耗力。此外,随着年龄的增加,抑制儿童可能因生理的成熟和社会经验的增加而学会控制对陌生刺激的逃避反应,从而无法观察到其行为抑制性。因此,行为观察更适用于对年龄较小,且具有较少社会经验的幼儿。

本研究旨在通过行为观察的方式评估 2～3 岁幼儿的气质水平,以掌握实验室结构观察的气质编码方式,并了解不同气质类型儿童的行为和情绪反应特点。

二、研究对象和材料

1.研究对象:随机选取 2～3 岁幼儿 40 名,男女各半。
2.研究材料:放有仿真蛇玩具的礼物盒、仿真的狼面具、小丑服装、玩具机器人。

三、研究程序

1.玩具蛇任务

(1)主试拿出礼物盒坐到儿童身边后,将礼物盒打开,并说:"你来看看这里,你要不要摸摸这条蛇?"

(2)如果儿童拒绝触摸,则主试继续提示:"你真的不摸摸它吗?"主试最多再提示两遍。

(3)如果儿童持续拒绝,则主试将玩具蛇拿走,结束该任务;如果儿童触碰玩具蛇,则主试过 10 秒后提示收拾玩具:"好啦,我们现在让小蛇回家吧!"结束该任务。

2.狼面具任务

(1)主试拿出事先用布遮挡的狼面具放在儿童面前,而后将布打开,并说:"我们现在来玩这个面具吧。你摸摸它好吗?"

(2)如果儿童拒绝触摸,则主试继续提示:"你要不要摸摸它?"主试最多再提示两遍。

(3)如果儿童持续拒绝,则主试将狼面具拿走,结束该任务;如果儿童触碰狼面具,则主试过 5 秒后提示收拾玩具:"好啦,我们现在要把它收起来了。"结束该任务。

3.陌生小丑任务

(1)主试穿上小丑服装坐到儿童身边,静坐 1 分钟,且与儿童无眼神交流。

(2)1 分钟后,主试向儿童挥手并打招呼,说:"你好,你好!"邀请儿童靠近 1 分钟。

(3)若任务中儿童靠近主试,并与主试有持续的肢体接触,则任务结束。

4.玩具机器人任务

(1)主试拿出可遥控的玩具机器人,对儿童说:"我们来玩跳舞机器人吧!"

(2)主试开启机器人,并让机器人在房间运动。

(3)如果儿童拒绝玩机器人,则主试继续提示:"你要不要玩我的炫酷机器人?"主试最多再提示两遍。

(4)如果儿童在任务过程中哭闹不止,则任务结束;否则,2 分钟后主试将机器人拿走,结束该任务。

四、结果分析

1.对儿童的行为反应进行编码,编码规则见附录 14。

2.对各项指标进行标准化后,分别对趋近指标和抑制指标进行合并,得到每名儿童的趋近和抑制得分。

3.根据趋近和抑制得分,以 1 个标准差为界,区分趋近气质和抑制气质的幼儿(得分高于 1 个标准差为高趋近或高抑制儿童,得分低于 1 个标准差为低趋近或低抑制儿童,得分在±1 个标准差之间为一般儿童)。

五、讨论

1. 谈论趋近气质和抑制气质儿童在各任务中的行为和情绪表现。
2. 不同性别幼儿之间是否存在气质差异？

参考文献

何洁. 婴儿生气情绪及其对行为发展的作用[D]. 杭州:浙江大学,2009.

刘玉霞. 趋近—抑制气质类型幼儿的坚持性特点[D]. 杭州:浙江大学,2013.

Caspi A,Silva P A. Temperamental qualities at age three predict personality traits in young adulthood:Longitudinal evidence from a birth cohort[J]. Child Development,1995,66(2):486-498.

Chess S,Thomas A. Temperamental individuality from childhood to adolescence[J]. Journal of the American Academy of Child Psychiatry,1977,16(2):218-226.

Cherny S,Fulker D,Corley R,et al. Continuity and change in infant shyness from 14 to 20 months[J]. Behavior Genetics,1994,24(4):365-379.

Davidson R,Chapman J,Chapman L,et al. Asymmetrical brain electrical activity discriminates between psychometrically-matched verbal and spatial cognitive tasks[J]. Psychophysiology,1990,27(5):528-543.

Fox N A,Bell M A,Jones N A. Individual differences in response to stress and cerebral asymmetry[J]. Developmental Neuropsychology,1992,8(2-3):161-184.

Fox N A,Henderson H A,Rubin K H,et al. Continuity and discontinuity of behavioral inhibition and exuberance:Psychophysiological and behavioral influences across the first four years of life[J]. Child Development,2001,72(1):1-21.

Gartstein M A,Rothbart M K. Studying infant temperament via the revised infant behavior questionnaire[J]. Infant Behavior & Development,2003,26(1):64-86.

Harmon-Jones E. Contributions from research on anger and cognitive dissonance to understanding the motivational functions of asymmetrical frontal brain activity[J]. Biological Psychology,2004,67(1):51-76.

He J,Zhai S,Lou L,et al. Development of behavioural regulation in Do and Don't contexts among behaviourally inhibited Chinese children[J]. British Journal of Developmental Psychology,2016,34(3):415-426.

Kagan J,Snidman N. Temperamental factors in human development[J]. American Psychologist,1991,46(8):856-862.

Newman D L,Tellegen A,Jr Bouchard T. Individual differences in adult ego development: Sources of influence in twins reared apart[J]. Journal of Personality & Social Psychology,

1998,74(4):985-995.

Pedlow R,Sanson A,Prior M,et al. Stability of maternally reported temperament from infancy to 8 years[J]. Developmental Psychology,1993,29(6):998-1007.

Pfeifer M,Goldsmith H H,Davidson R J,et al. Continuity and change in inhibited and uninhibited children[J]. Child Development,2002,73(5):1474-1485.

Plomin R,Owen M J,Mcguffin P. The genetic basis of complex human behaviors[J]. Science,1994,264(5166):1733-1739.

Rothbart M. Temperament and Development[M]//Kohnstamm J,Bates J,Rothbart M (Eds.),Temperament in childhood. Chichester,UK:Wiley,1989.

Rothbart M,Bates J. Temperament[M]//Damon W,Eisengerg N(Vol. Ed.),Handbook of child psychology:Vol. 3. Social,emotional,and personality development (5th ed.). New York:Wiley,1998.

第5章	**道德与同伴关系**

　　人是社会性动物,人在发展过程中不断与社会进行着互动。儿童最早的社会互动发生在自己和照料者之间,随着婴儿逐渐学会走路和说话的技能,他们与同伴的交往时间开始增加,有了互相模仿和轮换行为。在儿童早期,同伴互动的频率不断增加,互动的形式也变得复杂起来。儿童和同伴的互动主要是围绕着游戏开展的,在这个过程中,儿童的社交能力和认知能力逐步发展,并收获友谊。在多个儿童一起玩时,我们很容易发现,有的儿童总会受到同伴的欢迎,成为群体的中心,有的则不易融入群体,在旁边独自玩耍。儿童在和父母、同伴交互的过程中,逐渐学会如何对待他人,如何评判他人的行为。有的儿童富有同情心,会安慰别人,帮助别人;还有的儿童很早就懂得公平地分配玩具——这些行为都容易得到积极的评价,获得同伴的欢迎。在日常生活中,儿童由于粗心、不听话、撒谎等问题,可能给周边的成人带来不必要的麻烦,从而面对父母、老师或者周边成人的指责和愤怒。在和成年人交互中,儿童开始建立道德规则。

游戏和社交能力

　　游戏的历史源远流长,儿童游戏随着人类社会的发展而变化。作为儿童主要的日常活动,游戏具有不可替代的位置,尤其是与同龄人一起参与的游戏。研究者对同龄儿童的自由游戏进行了大量观察,发现儿童在游戏中的社会行为可以分为无所事事、旁观、独自游戏、平行游戏、联合游戏和合作游戏六类。在儿童社会发展的早期,独自游戏和平行游戏是主要的游戏形式,儿童喜欢以积木为代表的建构类游戏,通过自己动手感受到创造的快乐。此时,他们与同伴的互动还比较少,更多沉浸在自己的世界里,但也会对别人玩的游戏表现出兴趣,喜欢模仿别人的行为。随着年龄的增加,儿童会更多地参与社交性游戏(如联合游戏、合作游戏),非社交性游戏(如独自游戏、无所事事)则有所减少(Parten,1932)。游戏亦能促进儿童各项能力的发展,例如,功能性游戏(滑滑梯、老鹰抓小鸡)促进了儿童运动技能的发展,帮助儿童获得愉悦的精神体验。规则游戏(围棋、跳棋)促进了儿童规则意识和抽象思维能力的发展。

随着语言和社会认知能力的发展,儿童越来越喜欢和同伴在一起玩游戏。在游戏中儿童可以模拟日常生活,比如用"过家家"的方式练习生活技能;通过角色扮演游戏增进对社会角色的理解,认识爸爸、妈妈和孩子是怎样的关系。这个时期儿童的游戏不仅仅涉及简单的运动,还包含了儿童对于社会规则的理解。

在大班时儿童的心理理论有了质的飞跃,他们喜欢和别人分享自己见到过的事物,擅长聊天。他们也可能通过八卦了解到哪些同伴是好交往的,哪些是不好交往的。他们的运动技能也有了进一步的发展,精细运动技能的发展使得他们能够画画、剪纸,游戏的内容也比以前丰富。本章的第一个研究通过观察儿童的游戏行为了解儿童社交能力的发展。

同伴关系

随着社会交往的增加,儿童开始明白自己喜欢和一些朋友一起玩耍。这些朋友大多和自己有共同的兴趣爱好,容易相处。受欢迎的儿童往往具有以下特点:善于交流、友好、能帮助别人。有些儿童没能很好地融入群体。他们可能比较害羞,不希望和别人在一起玩耍,或被同伴忽视;还有部分儿童具有较强的攻击性,使得其他儿童对他们敬而远之。

同伴提名法可以帮助我们了解儿童在班级中的相对地位,除了上述两种类别,同伴提名还揭示了另外三种类型的儿童。其中一种是矛盾型,他们富有争议,被一些同伴喜欢的同时又被另一些同伴讨厌,这样的人可能会成为小团体的头头,会去欺负别人,也会有一帮小喽啰誓死相随。另外一种是被忽视型,同伴对他们说不上喜欢但也不讨厌,他们有自己的朋友,但在别人眼中不是首要的选择,甚至他今天没来上学都不会被大家发现。最后一种是一般型儿童,他们是群体中的大多数。

同伴提名能够反映社会对于"好孩子"的标准,它包括了对善良的赞扬和对违反社会规则的批评,对同伴提名的研究往往能够反映文化背景鼓励什么样的行为。本章的第二个研究通过同伴提名了解儿童在班级中的相对地位。

亲社会行为

互相帮助使得世界更加美好,善良友好的孩子容易赢得同伴的喜爱。不断有心理学家研究儿童的亲社会行为,而对全人类道德的思考在很早以前就开始了。在春秋战国时期,重视礼乐的孔子主张"里仁为美",厌恶动乱和战争的墨家倡导"兼爱""非攻"。在古希腊,有感于城邦制度的衰弱,柏拉图描绘了一个用真善美搭建起来的理想国。

儿童的亲社会行为从什么时候开始显现?21世纪以来,以 Warneken 和 Tomasello (2006)为代表的研究者探索了学前儿童的助人行为。在实验中,1岁半的婴儿目睹一个双手捧着杂志的成年人试图把杂志放到柜子里。因为拿着东西没办法开柜子的门,成年人试了几次,都没有成功。这时候,婴儿主动走过来打开了柜子的门。

　　儿童为什么要帮助他人呢?有人认为儿童的助人行为是出于自利的目的,还有人认为助人是一种内在的动机,儿童帮助别人不是为了换取物质的回报。研究支持了后者,学前儿童的助人行为是由内在动机驱动的(Warneken & Tomasello,2008)。这种助人的动机可能有进化上的意义,众所周知人类拥有漫长的童年,这也加重了父母养育孩子的负担。儿童的帮助行为有非凡的意义,它能够减少人类抚养孩子的成本,例如在农业社会,儿童可以帮助成年人打水、收集柴火、照顾更小的孩子(Warneken,2015)。从另一个角度看,这种人与人的相互依赖充分说明人类作为社会性动物的本质。

　　本章的第三个研究以助人行为为例子介绍了亲社会行为的早期发展。

分配行为

　　在自然界中,动物为了争夺资源往往发生残酷的竞争。相比之下,人类更具有合作性,愿意分享资源,注重分配的公平性。在现代社会,几乎所有文化都认可和推崇公平分配,赞颂公平是信任、承诺和各种协议的道德核心。分配公平性是指"个人和社会如何以公平的方式对资源进行分配",分配的公平性可以依据均衡、平等和需要这三条原则来判断(Deutsch,1975)。虽然成年人往往结合多个公平原则考虑公平性,不推崇平均主义的分配体系,但对于学前儿童来说,平均分配是最常见的分配原则,儿童在幼儿园获得的关于玩具、食物的分配经历大多是以平均分配为原则。已有研究发现,年幼儿童倾向于"利己分配"(自己拿得多),到了学龄前,他们逐渐选择平等分配,上小学后习惯按劳分配。也就是说儿童在 3～7 岁会逐渐发展公平分配。本章的第四个研究有关儿童公平分配,采用独裁者博弈和最后通牒游戏了解儿童公平意识的发展。

道德认知

　　古典哲学对道德的一个有力的解释框架来自康德。哲学家康德在《道德形而上学原理》中区分了道德的他律(heteronomy)和自律(autonomy),简单地说他律是指服从外在的权威和规则,自律是指经过理性思考后的行为准则;康德认为如果道德只是依赖结果的好坏,对应的道德标准将会随着经验而转移。在康德那里,道德是理性存着的、超脱经验的。

　　皮亚杰借用康德的自律和他律概念,从实证的角度出发,指出儿童在道德认知的过程中一方面超越结果的束缚,考虑到别人的动机;同时认识到规则的稳定性和可变性,知道了共同决策的意义。皮亚杰采用对偶故事研究了儿童的道德发展,他发现儿童的道德观念经历了前道德阶段、他律道德阶段和自律道德阶段。学前儿童处于他律道德阶段,具备很强的规则意识。他们认为规则是权威人物(家长、老师)制定的,违反规则的人会受到惩罚。他们的道德判断带有明显的"道德实在论"的特征,即儿童往往根据一个人的行为后果而不是他的意图来判断责任的大小。而在道德认知方面,则表现为服从成人权威的他律性道德。他们会认为服从规则和成人的命令是好的,无论命令是什么,例如"撒谎是不对的""不能随便拿别人的东西""不能打其他人"等等;任何不服从规则的行为都是坏的。"好"被严格定义为服从。而数年以后,他们将在和同伴的互动中形成自己的道德观,从多个角度考虑问题,持有自律的道德观念。他们将在道德判断中获得相对独立,不再绝对服从成人的命令或把规则看成是不可改变的。儿童认识到世界上没有绝对的对错,规则可以根据协商决策调整,道德判断需要综合结果和动机。

本章的最后一个研究采用皮亚杰的对偶故事,探讨儿童道德观念的发展。

参考文献

Deutsch M. Equity, equality, and need: What determines which value will be used as the basis of distributive justice? [J]. Journal of Social Issues, 1975, 31(3): 137-149.

Parten M B. Social participation among preschool children[J]. Journal of Abnormal Psychology, 1932, 27(4): 243-269.

Rubin K H, Watson K S, Jambor T W. Free-play behaviors in preschool and kindergarten children[J]. Child Development, 1978, 49(2): 534-536.

Warneken F, Tomasello M. Altruistic helping in human infants and young chimpanzees[J]. Science, 2006, 311(5765): 1301-1303.

Warneken F. Precocious prosociality: Why do young children help? [J]. Child Development Perspectives, 2015, 9(1): 1-6.

Warneken F, Tomasello M. Extrinsic rewards undermine altruistic tendencies in 20-month-olds[J]. Developmental Psychology, 2008, 44(6): 1785-1788.

研究 16 社交能力

一、研究背景

　　社交能力是个体在与他人进行社会交往中所用的策略和技能,以及建立、适应、协调与处理人际关系的能力。学龄前儿童正处于离开父母,开始接触更多同龄人的时期,因而学会如何与同伴交往,提高与同伴的社交能力是他们在社会化过程中的一项重要任务。儿童的同伴交往能力是儿童与同伴交往时所体现的社交能力,主要体现在社交主动性、社交放松性、亲社会行为和语言、非语言交往等维度上(张元,2002)。这意味着,可以根据儿童的社交行为来分析其社交能力。

游戏及其作用

　　游戏是儿童喜爱的一种活动形式,也是儿童进行同伴互动的主导活动。特别对于学龄前儿童,游戏是他们在幼儿园与同伴交往所不可或缺的媒介。总体而言,游戏对于儿童的心理发展有着重要意义。

　　一方面,游戏能够促进儿童社交能力的发展。儿童可通过参与群体游戏学习如何与同伴交流与合作,从而提高自身的言语表达能力和社会技能。而在与同伴合作的过程中,难免会产生冲突,儿童也可从中习得倾听同伴意见,并与具有不同观点的同伴讨论并解决冲突的能力。

　　另一方面,游戏能够促进儿童认知能力的发展。在游戏中,儿童能够自由地探索自己感兴趣的事物,满足自身的好奇心。通过对物体的探索和操作,儿童的肢体协调能力得到提高,问题解决能力也可能有所加强。在假装游戏中,儿童可以通过赋予物体生命来模仿周围事物,以提高其对身边事物的理解;儿童也可以创造新的事物,让自己的想象力得到发挥;甚至儿童可以通过角色扮演的形式,更好地理解他人的想法、情感、愿望等,促进其去中心化。

　　因而,通过游戏,我们可以观察儿童的社交行为,从而探究其社交能力和认知能力的发展。

作为社交的游戏

　　早在 20 世纪 30 年代,Parten 就根据学龄前儿童在游戏中表现出的社交参与程度,将游戏分为无所事事行为(unoccupied behavior)、旁观行为(onlooker behavior)、独自游戏(solitary play)、平行游戏(parallel play)、联合游戏(associative play)和合作游戏

(cooperative play)六类(Parten，1932)。从无所事事到合作游戏，同伴间的互动程度逐渐升高，经历了从无互动到存在共同关注，再到存在共同目标等阶段。根据每类游戏中儿童社交程度的不同，Parten认为这些游戏行为体现了儿童不同的社交能力，联合游戏与合作游戏的社交性最高，平行游戏次之，独自游戏、旁观和无所事事的行为则是非社交性的体现。随着年龄的增长，2～5岁儿童的社交行为增加，因而在游戏中与同伴有越来越多的联合游戏，而旁观、无所事事等非社交性行为则逐渐减少。Rubin，Watson和Jambor(1978)在研究中发现，在学龄前儿童中联合游戏与合作游戏的区分度不大，可将两者统称为群体游戏(group play)。

社交性游戏与气质的关系

在与陌生同伴的游戏中，儿童所表现出的社交游戏类型与其气质类型存在一定的联系。具有高反应性、高负性情绪的抑制气质儿童，由于其在面对新颖刺激时有很高的警惕性，在行为上会表现出对陌生事物的回避与拒绝，因而在学龄前期表现出更多的行为抑制和社会性沉默；而具有高活动性、高反应性、高积极情绪的趋近气质儿童，由于其对新颖刺激充满好奇和热情，在行为上更加活跃和主动，不害怕与陌生事物进行互动，因而在学龄前期表现出行为趋近和积极的社会互动。因此，在与陌生同伴的游戏中，抑制气质儿童不会马上参与到游戏当中，反而表现出更多的无所事事和旁观行为，也很少主动向同伴发起交流，从而会给人一种社交能力弱，甚至是社交能力缺乏的印象；而趋近气质儿童则相反，能够迅速地投入到游戏中，充满活力和积极情绪，能够主动与同伴攀谈和玩耍，给人以社交能力强的印象。

发展认知能力的游戏

从认知发展的角度，Smilansky(1968)根据皮亚杰的认知发展阶段将游戏分为功能性游戏(functional play)、建构性游戏(constructive play)、表演游戏(dramatic play)和规则游戏(games-with-rules)四类。这四类游戏随着儿童认知能力的发展以相对固定的顺序出现——在婴儿期首先出现功能性游戏，再慢慢出现建构游戏，而后逐渐发展出表演游戏和规则游戏。Rubin和Maioni(1975)的研究发现空间认知能力、分类能力与儿童的功能性游戏存在负相关，而与表演游戏呈正相关，支持了不同类型的认知游戏体现儿童不同的认知能力这一观点。同时，这一研究表明学龄前儿童更多地参与功能性和建构性游戏，而非表演游戏或规则游戏。然而，其他研究发现随着年龄增长，学龄前儿童进行功能性游戏的频率会越来越低，进行建构性游戏的频率则具有一定的稳定性，而参与表演游戏和规则游戏的频率逐渐升高(Göncü，1993；Rubin et al.，1978)。表演游戏和规则游戏的增加不但意味着个体认知能力的提高，也可能体现出个体社交性的提高。存在同伴互动的表演游戏和规则游戏为儿童提供了与同伴交流的机会，也让儿童在讨论游戏的过程中学会如何协商和解决冲突。

然而,研究者们对于不同类型游戏如何体现儿童社交能力存在不同的看法。Parten认为通过上述 6 种社交活动类型即可区分儿童的社交能力,之后的研究者却认为这样的分类存在一定的局限性。Moore,Evertson 和 Brophy(1974)观察发现在独自游戏中,约一半的儿童进行的是建构游戏。由于建构游戏是一种具有教育意义的活动,因而说明并非所有独自游戏都像 Parten 所认为的是儿童社交或认知能力弱的表现。

　　Rubin 等(1978)发现学龄前阶段的儿童不管年龄大小均存在联合游戏、独自游戏、旁观和无所事事等不同社交程度的行为,且 5 岁儿童在自由玩耍时仍然进行大量的独自游戏而非群体游戏。同时,通过观察学龄前儿童的游戏行为可以发现,不管儿童是进行独自游戏、平行游戏,还是群体游戏,都可能包含不同认知功能的游戏,如儿童独自进行积木建构,或与一群儿童商量着共同进行积木建构的游戏。

　　随着年龄的发展,儿童独自进行功能性游戏的时间越来越少,而独自进行建构性游戏的时间则保持稳定。也就是说,独自游戏并不一定是儿童不成熟的表现,具体还需结合游戏中的认知类型进行观察。此外,Rubin 认为处于社交活动中等水平且存在加入群体活动倾向的平行游戏,以及社交程度低但有关注同伴行为的旁观行为是儿童在为进入群体活动做准备,在儿童与同伴互动和交往的发展中起到桥梁作用,它们发挥的积极意义应得到重视。

游戏观察量表(POS)

　　鉴于认知性游戏在一定程度上也能够反映儿童的社交性,Rubin(1982)认为仅以社会性游戏类型对孩子的社会能力进行评价是不全面的,将认知性游戏与社交性游戏结合才能更好地观察到儿童的社交行为和能力。研究发现那些进行平行—建构游戏的儿童(4 岁)在社交和非社交方面的问题解决上都有很好的表现,而进行独自—功能、独自—表演和平行—功能游戏的儿童对社会性发展可能存在一定的消极影响。因此,为了更好地探究儿童社会认知能力的发展,Rubin 及其同事(1976,1978)以上述两种游戏分类为理论基础,设计了帕顿/皮亚杰量表(Parten/Piaget Social Cognitive Scale),通过两个尺度的评价系统,对儿童在自由玩耍中的游戏水平进行评估。

　　随后,Rubin 又在 1989 年和 2001 年对量表进行了修订,设计形成了较为完善的游戏观察量表(Play Observation Scale,POS),通过对儿童在教室、操场或观察室内的自由玩耍进行记录和编码以考察儿童早期至中期的游戏行为。除了考察不同社交水平和认知水平的游戏行为,POS 还对儿童在自由玩耍过程中的同伴对话、亲社会行为、焦虑、攻击和破坏等行为进行记录,从而有助于研究者或教育者发现那些存在心理问题风险的个体,并及时给予干预。

　　本研究旨在掌握简单的 POS 编码规则,对学龄前儿童在自由玩耍中的游戏行为进行观察,并分析学龄前儿童的游戏行为特点。

二、研究对象和材料

1.研究对象:大班、中班或小班儿童各4名(4名儿童为同年级、同性别)。

2.研究材料:2张桌子和4把椅子,儿童玩具(如积木、玩偶、小车等),观察记录表和笔。

三、研究程序

本研究需要多名主试合作,具体如下:

1.开始游戏观察前,主试在观察室的桌上摆放一些玩具,其余玩具则置于桌旁的玩具箱中供儿童选用。

2.主试1将4名儿童带到观察室,并对儿童说:"小朋友们,我们现在到这个新教室玩。这里有好多玩具呀,你们先玩一会儿,老师有事先离开一会儿。"之后,主试1离开观察室,让儿童在观察室中自由玩耍。(主试2在儿童进入观察室后,打开摄像机,开始记录儿童的游戏行为。)

3.主试在观察室外,通过监控屏或单向玻璃观察儿童自由玩耍行为15分钟。

4.15分钟后,主试1回到观察室中,对儿童说:"小朋友们,我回来了。现在游戏结束了,你们要把玩具都收到玩具箱中。"之后,主试1离开观察室,让儿童自主整理玩具。

5.在儿童整理完所有玩具后,主试1对儿童的表现给予表扬,并将其送回教室。(主试2在儿童整理完玩具后,关闭摄像机,结束游戏行为的记录并拷贝游戏观察视频。)

6.主试们根据游戏观察量表(POS)对每名儿童的游戏行为进行独立编码,编码规则见附录15。

四、结果分析

1.计算不同年级与性别的各类社交性游戏的频数,画出频数图,并比较不同年级和性别在各类社交性游戏上的差异。

2.计算不同年级与性别的各类认知性游戏的频数,画出频数图,并比较不同年级和性别在各类认知性游戏上的差异。

五、讨论

1.学龄前儿童在游戏中表现出的社交能力如何?

2.学龄前儿童在游戏中表现出的认知能力如何?

3.哪些因素会对儿童在自由玩耍中表现出的游戏行为产生影响?

参考文献

张元.4－6岁幼儿同伴交往能力量表的编制[J].江苏第二师范学院学报,2002(1):
　　42-44.

Göncü A. Development of intersubjectivity in the dyadic play of preschoolers[J]. Early
　　Childhood Research Quarterly,1993,8(1):99-116.

Moore N V,Evertson C M,Brophy J E. Solitary play:Some functional reconsiderations[J].
　　Developmental Psychology,1974,10(6):830-834.

Moore S,Updegraff R. Sociometric status of preschool children related to age,sex,
　　nurturance-giving,and dependency[J]. Child Development,1964,35(2):519-524.

Parten M B. Social participation among preschool children[J]. Journal of Abnormal
　　Psychology,1932,27(4):243-269.

Rubin K H. The Play Observation Scale(POS)(Revised)[M]. University of Maryland,2001.

Rubin KH. Social and Social-Cognitive Developmental Characteristics of Young Isolate,
　　Normal,and Sociable Children[M]// Rubin KH,Ross HS (eds). Peer Relationships
　　and Social Skills in Childhood. Springer,New York,1982.

Rubin K H,Maioni T L. Play preference and its relationship to egocentrism,popularity
　　and classification skills in preschoolers[J]. Merrill-Palmer Quarterly of Behavior
　　and Development,1975,21(3):171-179.

Rubin K H,Maioni T L,Hornung M. Free play behaviors in middle-and lower-class
　　preschoolers:Parten and Piaget revisited[J]. Child Development,1976,47(2):
　　414-419.

Rubin K H,Watson K S,Jambor T W. Free-play behaviors in preschool and kindergarten
　　children[J]. Child Development,1978,49(2):534-536.

Smilansky S. The effects of sociodramatic play on disadvantaged children:Preschool
　　children[M]. New York:Wiley,1968.

研究 17　同伴关系

一、研究背景

随着步入幼儿园、学校,个体的社交领域不断扩大,开始与越来越多的同龄人建立联系,形成同伴关系。同伴关系(peer relationship)主要指同龄人或心理发展水平相当的个体间在交往过程中建立和发展起来的一种人际关系(苏彦捷,2012)。

研究者对亲子关系和同伴关系的研究显示,同伴关系虽不及亲子关系重要,但对儿童的社会交往能力和社会认知能力具有促进作用。亲子关系强调爱和关怀,安全的亲子依恋关系为儿童进入同伴的世界提供了必要的安全感和社交技能;同龄人之间的交往主要以游戏和社会化活动为主,儿童在同伴关系中将获得必要的社会生活技能,为儿童现在和未来的社会生活做好充分准备。

■ 同伴关系的发展

婴儿在出生后的第一年里,同伴交往就开始了。对婴儿游戏的观察发现,他们在早期已经有了固定的接触,而随着年龄的发展,简单的互动将发展为更复杂和更具合作性的社会交往。2 个月左右的婴儿与同伴之间还未形成具有社交性质的反应,但已出现相互注视的行为(Eckerman,1979)。3~4 个月则会出现主动观察和接触对方的现象,6 个月时,婴儿就会出现对同伴微笑、发出声音和触摸行为、模仿对方的动作等行为(Fogel & Others,1987)。6~9 个月的婴儿则还会对同伴的微笑等行为予以回应(Hay,Pederson & Nash,1982)。1 岁以后,随着言语和感觉运动的发展,学步期儿童间同伴互动开始逐渐增加,也变得更为复杂,出现了相互模仿的行为(Howes et al.,1988;Rubin et al.,2005)。2 岁左右的幼儿开始使用言语来影响和谈论同伴的行为(苏彦捷,2012)。学龄前期幼儿的同伴关系多基于同伴间的共同活动或游戏。随着同伴互动次数的增加,幼儿间的交往逐渐发展成更为复杂的群体间的交往。到了学龄期,儿童开始注意自己在群体中的地位,开始寻找群体归属感。

■ 同伴关系理论

关于如何看待同伴关系,不同的研究者提出了不同理论观点。从人格发展的角度来看,Sullivan 的人际关系发展理论认为,儿童间真实、平等的同伴关系能够促进幸福感的形成,也让儿童逐渐感受到群体归属感的重要性,与同伴建立的良好关系有助于个体人格的健全发展,增加自我认同,减少自卑感。而 Mead(1934)的符号互动论则将同伴关系、同伴间的交流和互动看成是个体形成自我概念和他人概念的重要途径。从认知发展的角度来看,皮亚杰(1932)认为同伴互动中产生的冲突能够引发个人认知的不平衡,具有良好同伴关系的个体间能够通过争论、探讨、协商等合作性方式解决冲突,从而促进个体认知发展,实现去自我中心。从学习理论的角度来看,同伴间的奖励和惩罚会影响到同伴关系的建立。如当儿童在同伴互动中表现出某一行为,若同伴认为该行为是符合规范的、恰当的,则儿童与同伴间容易建立积极的关系;若同伴认为该行为不值得提倡,则可能会惩罚或忽略该儿童,从而无法建立良好的同伴关系。

同伴关系类型

一般认为,儿童的同伴关系主要包括同伴接纳和友谊(邹泓,1998)。同伴接纳能够反映个体在某个群体中被其他成员所接受的程度,是一种单向选择;友谊则是两个个体间双向的情感联系,是一种双向选择。相较于友谊,同伴接纳更易于测量,也更多地被研究。

从学龄前期开始,同伴关系逐渐在个体的生活中占据重要位置。3 岁左右,幼儿在同伴交往中开始出现不同的社交地位和同伴关系,并形成了不同的同伴关系类型。有的幼儿在群体中十分受欢迎,他们能够自然地与同伴发起积极互动,在同伴互动过程中有更多的合作和帮助行为,且有能力去解决交往中的冲突,从而能够维持良好的同伴关系,因而这些孩子在群体中有较高的同伴接纳和较低的同伴拒绝,被称为受欢迎儿童(popular children)。有的幼儿则容易被排斥,通常表现出较多的破坏和攻击行为,也有部分幼儿存在社交退缩的行为倾向,这让他们不被同伴所喜欢,有较低的同伴接纳和较高的同伴拒绝,被称为被拒绝儿童(rejected children)。还有一类幼儿身上同时具备受欢迎儿童和被拒绝儿童的特点,除了表现出乐于助人、具有领导力外,也会出现破坏和攻击行为,容易发怒,因而有较高的同伴接纳和同伴拒绝,被称为矛盾型儿童(controversial children)。另有一类幼儿在群体中很少有让人喜爱或讨厌的举动,存在感较弱,因而容易被同伴所忽视,有较低的同伴接纳和同伴拒绝,被称为被忽视儿童(neglected children)。剩下还有一部分儿童在同伴中的接纳和拒绝水平均处于平均水平,被称为一般型儿童(average children)。

随着年龄的增加,同伴关系的稳定性将逐渐提高。小班时期,被忽视儿童数量居多,且幼儿对同伴的社会偏好差距较小;中班时期则开始产生明显的社会偏好,受欢迎和被排斥的幼儿增加;大班时期,幼儿的同伴关系则开始稳定下来(刘少英,王芳,朱瑶,2012)。到了儿童中期之后,儿童接触同伴的数量和时间均有较大的提升,将会逐渐形成亲密的同伴团体(苏彦捷,2012)。

同伴关系影响因素

为何不同儿童间的同伴接纳和拒绝程度会存在差异?一方面是受其内部因素的影响,

如儿童的社会认知能力、行为、气质等;另一方面则受到外部因素的影响,如群体性质等。

在融入同伴群体的过程中,较好的社会认知能力有助于儿童理解同伴间交流的内容,正确解读同伴行为背后的意义,从而能够有效地指导自身行为,进行同伴交往。若不能够正确理解他人的行为,则儿童可能会做出不恰当的行为,甚至出现攻击、破坏等行为,从而使儿童与同伴间的互动受到阻碍,也更容易遭到同伴拒绝。

通过对不同类型儿童进行行为观察,可以发现受欢迎儿童有更多的亲社会行为和更强的社交能力,能够在不干扰原有群体的状态下顺利加入原有活动。而被拒绝儿童会表现出较多的攻击、破坏的外化性问题行为。与之相比,矛盾型儿童虽然也存在攻击性、好斗的行为,但他们会表现出吸引人的一面,因而在群体中也有较高的社会地位。那些被忽视儿童中有部分儿童会表现出较高的焦虑情绪,通常沉默寡言,在一旁观看别人玩耍而不参与其中,缺乏社交能力;有部分儿童则更喜欢独自玩耍而不愿与同伴交往。

进一步探究儿童行为背后的因素,可以发现这在一定程度上取决于儿童自身的气质。具有问题行为的被拒绝儿童往往具有高活动水平、高冲动性的趋近气质特点;具有焦虑退缩的被忽视儿童往往具有高消极情绪、害怕陌生事物的抑制气质特点;受欢迎儿童的趋近和抑制特点都不处于极端状态,因而在同伴交往中既不会因过于活跃而被拒绝,也不会因过去胆怯而无法融入群体。

除了儿童自身特点,其所处群体的特点也会影响同伴关系类型。个体—群体相似性模型(person-group similarity model)认为,当儿童行为特点与群体特征相似时,儿童更易被群体所接受。如与非攻击性群体相比,高攻击性群体中同伴受欢迎程度与个体攻击性间相关更低,而与社会退缩的相关则更高(Wright,Giammarino & Parad,1986)。而在高社会退缩的群体中,受欢迎程度与社会退缩存在联系。然而,研究者们仅在男孩群体中发现了支持个体—群体相似性模型的证据,在女孩群体中并未发现类似关系。这可能是由男生与女生群体在形成同伴接纳和拒绝的原因和结果上存在差异导致的。可见性别也是产生同伴关系差异的影响因素。

同伴关系的作用

与其他的人际关系(如儿童与父母、教师的关系)不同,儿童与同伴间有更多的平等性和互惠性,这种水平关系对儿童的影响更为广泛和深远。因而,同伴关系以不同于其他人际关系的独特方式对儿童的人格和社会行为发展起着重要作用。

首先,良好的同伴关系有助于儿童社会认知能力的发展和社交能力的习得。皮亚杰(1932)认为,儿童在与同伴的平等合作和交流过程中能够对外部环境形成更为广阔的认知视野,从而逐步摆脱自我中心,了解他人的思想和观念,认识到他人的独特性,并形成同伴间的双向尊重。同时,在社交能力上,儿童对社会行为和与他人交往模式的认识更多时候是从同伴,而非父母身上获得的。儿童能够观察和模仿同伴榜样的行为并将之内化为自身行为模式,从而与同伴榜样在面对新事物时做出类似的行为反应。若没有良好的同伴关系,儿童则不能习得有效的社交技能,如无法在同伴交往中控制自身消极情绪和攻击性行为的表达,进一步恶化了同伴关系,也阻碍了其社会技能的发展。

其次,良好的同伴关系可以为儿童提供社会支持,获得安全感,促进情绪、自我概念和自尊等的健康发展。良好的同伴关系能带给儿童理解和安慰,有利于其克服因烦恼和迷茫等产生的抑郁、焦虑等消极情绪。相反地,不良的同伴关系会使儿童产生愤怒、孤独等负性体验。在与同伴交往的过程中,儿童不但能够获得慰藉,还能从同伴比较中获得对自身的正确认知和评价,从而有助于其自我概念的形成和发展。同时,儿童若在群体中有更高的同伴接纳度,便能获得群体归属感和被尊重感,从而促进其自尊的健康发展。

再者,良好的同伴关系有助于儿童更好地适应学校生活,有更好的学业表现,较少的心理困扰。而不良的同伴关系可能会使其难以适应学校和社会环境,并引发其行为问题、多动和注意力问题、焦虑、抑郁等发展性心理问题的风险(Bierman & Wargo,1995;Gazelle & Rudolph,2004;Parker & Asher,1987)。

同伴关系测量方法

鉴于同伴关系在儿童社会性发展中起到十分重要的作用,因而有必要对同伴关系进行测量。同伴关系的测量方法有同伴提名、同伴评定、教师评定、行为观察、班级戏剧等(张文渊,2003;陈会昌等,2004)。其中,同伴提名是同伴关系测量中最主要、应用广泛的一种方法。该测量方法最先是由 Newstetter,Feldstein 和 Newcomb(1938)对 Moreno(1934)提出的社会测量技术(sociometric technique)进行改进而形成,用于测量青少年和大学生群体中个体受欢迎程度。随后 Moreno(1942)对此方法进行了调整,使其适用于幼儿。起初,该方法先让个体提名某一群体(如其所在班级)中一个或多个最喜欢(一起做事)的同伴,然后根据该群体中每个个体的被提名数,确定其受欢迎程度。然而,只采取正提名(喜欢的同伴)的方式无法进一步探究那些被提名数较少的个体是受拒绝,还是被忽视(既不受欢迎,也没有被拒绝)。据此,Dunnington(1957)在正提名的基础上加入负提名(不喜欢的同伴),区分出三类同伴关系——受欢迎、被拒绝和被忽视。而 Roff,Sells 和 Golden(1972)认为除了上述三种类型外,还存在一类儿童,他们的正负提名分数均较高。对此,Peery(1979)为了区分这四类儿童,以正提名分数和负提名分数为基础,创造了社会偏好和社会影响两个维度——社会偏好得分为正提名分数减去负提名分数,社会影响得分为正提名分数加上负提名分数。在前人研究的基础上,Coie,Dodge 和 Coppotelli(1982)通过同伴提名得到同伴关系的"两维五组"模型(如图 5-1 所示),根据正负提名分数、社会偏好和社会影响标准分数对受欢迎型儿童、被拒绝型儿童、被忽视型儿童、矛盾型儿童和一般型儿童进行区分。此后,Coie 和 Dodge(1983)又对原程序做修改得到如表 5-1 所示的分类标准,这也成为同伴提名中"标准化"的方法(陈欣银,李正云,李伯黍,1994)。

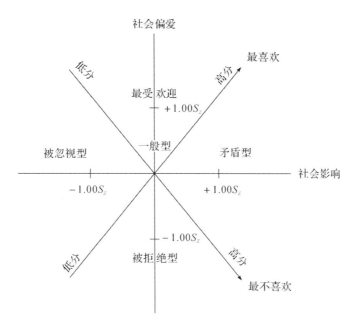

注：S_z 表示标准分数的标准差

图 5-1　"两维五组"模型（采自 Coie，Dodge & Coppotelli，1982）

表 5-1　同伴关系类型及其分类标准

同伴关系类型	正提名标准分	负提名标准分	社会偏好标准分	社会影响标准分
受欢迎型儿童	>0	<0	≥1.00	
被拒绝型儿童	<0	>0	≤-1.00	
被忽视型儿童	<0	<0		≤-1.00
矛盾型儿童	>0	>0		≥1.00
一般型儿童	上述分类除外的儿童			

　　除了同伴关系类型，研究者还对其施测方式进行了探讨。由于考虑到幼儿的认知发育不够完全，不会识字和写字，理解能力和自制力较差，因而在幼儿群体中采用个别施测和口头施测的方式。但最初的施测方式未考虑到记忆提取对幼儿同伴提名准确性的影响。对此，之后的研究者通过给幼儿看同伴的照片、班级名册或现场提名（将幼儿处于既能看到班级其他儿童，又不会被他人打扰的地方进行同伴提名）的方式进行改进（Moore & Updegraff，1964；Peery，1979；Coie，Dodg & Coppotelli，1982；庞丽娟，1991）。庞丽娟（1994）认为，与照片提名相比，现场提名法更加经济、迅速、简单和真实，因而我国多数学者均采用现场提名的方式进行测量（刘文，杨丽珠，金芳，2006；金芳，张珊珊，2018）。

研究者们通过横向研究表明,同伴提名在年幼和年长儿童中具有中等或较高的重测信度(Dunnington,1957;刘少英,王芳,朱瑶,2012;庞丽娟,1991)。同时,Whitley 和 Schofield(1983)的研究表明同伴提名与其他测量儿童社会地位的方法之间存在较高的相关性,表明其具有良好的效标效度。

本研究旨在掌握采用同伴提名的方式探究幼儿的同伴关系,了解不同的同伴关系类型,并进一步探讨同伴关系类型的性别差异及其随年级的变化。

二、研究对象和材料

1. 研究对象:大班、中班、小班儿童,以班级为单位进行施测。
2. 研究材料:班级名单、记录纸、笔。

三、研究程序

为测量幼儿在班级中的社会关系,本研究采用现场提名法进行个别施测。

1. 将需要访谈的儿童单独带到能够看到班里其他所有儿童的地方,同时保证该处能不受其他儿童干扰。

2. 为了营造相对轻松的氛围,主试可以先问儿童:“小朋友,你平时在儿童园最喜欢做什么事情?”在与儿童进行简单交谈后,主试让儿童进行正负提名。

3. 在正提名中,主试向儿童提问:“小朋友,你先仔细看一遍班里的其他小朋友,然后告诉我你在班里最喜欢的小朋友是谁?”如果儿童说出不足 3 个同伴的名字,则继续询问:“还有吗?”如果儿童已说出 3 个同伴的名字或说出与“没有别的喜欢的小朋友”类似的话,则不再继续询问。询问过程中,主试依次记录儿童所说的同伴姓名或学号。

4. 在负提名中,主试再向儿童提问:“小朋友,你先仔细看一遍班里的其他小朋友,然后告诉我你在班里最不喜欢的小朋友是谁?”如果儿童说出不足 3 个同伴的名字,则继续询问:“还有吗?”如果儿童已说出 3 个同伴的名字或说出与“没有别的不喜欢的小朋友”类似的话,则不再继续询问。询问过程中,主试依次记录儿童所说的同伴姓名或学号。

5. 访问结束,主试向接受访问的儿童表示感谢并将其送回班中。同时,挑选其他儿童重复上述步骤(正负提名的顺序进行被试间平衡),直到采集完班级所有儿童的回答。

四、结果分析

1.计算各班级儿童的社会影响和社会偏好标准分,并根据得分对各班级儿童进行分类。计算每名儿童的正提名分数(LM)和负提名分数(LL)。

(1)以班级为整体,分别对 LM 和 LL 进行标准化,得到正提名标准分(Z_P)和负提名标准分(Z_N);

(2)根据正负提名标准分计算每名儿童的社会偏好分数($SP = Z_P - Z_N$)和社会影响分数($SI = Z_P + Z_N$);

(3)以班级为整体,分别对 SP 和 SI 进行标准化,得到社会偏好标准分(Z_{SP})和社会影响标准分(Z_{SI});

(4)根据表5-1中的规则对每个班级的儿童进行分类。

2.计算不同年级中各类儿童所占百分比,并分析各类儿童所占百分比随年级的变化趋势。

3.计算不同性别中各类儿童所占百分比,并分析各类儿童所占百分比的性别差异。

五、讨论

1.同伴提名法在不同年龄段儿童中的适用性如何?

2.各个社会关系类型的儿童有哪些特点?

3.正向提名与负向提名的相关性如何,这一相关性能说明什么?

参考文献

陈会昌,谷传华,贾秀珍,等.小学儿童的交友状况及其与孤独感的关系[J].中国心理卫生杂志,2004,18(3):160-163.

陈欣银,李正云,李伯黍.同伴关系与社会行为:社会测量学分类方法在中国儿童中的适用性研究[J].心理科学,1994(4):198-204.

刘少英,王芳,朱瑶.幼儿同伴关系发展的稳定性[J].心理发展与教育,2012,28(6):588-594.

刘文,杨丽珠,金芳.气质和儿童同伴交往类型关系的研究[J].心理学探新,2006,26(4):68-72.

金芳,张珊珊.3-6岁幼儿问题行为与其同伴接纳的关系[J].沈阳师范大学学报(社会科学版),2018,42(2):113-117.

庞丽娟.幼儿同伴社交类型特征的研究[J].心理发展与教育,1991(3):19-28.

庞丽娟.同伴提名法与幼儿同伴交往研究[J].心理发展与教育,1994(1):18-21.

苏彦捷.发展心理学[M].北京:高等教育出版社,2012.

张文渊. 儿童同伴关系评估方法的研究概述[J]. 上海教育科研,2003(4):42-45.

邹泓. 同伴关系的发展功能及影响因素[J]. 心理发展与教育,1998,V14(2):39-44.

Bierman K L,Wargo J B. Predicting the longitudinal course associated with aggressive-rejected,aggressive (nonrejected),and rejected (nonaggressive) status[J]. Development & Psychopathology,1995,7(4):669-682.

Coie J D,Dodge K A. Continuities and changes in children's social status:A five-year longitudinal study[J]. Merrill-Palmer Quarterly,1983,29(3):261-282.

Coie J D,Dodge K A,Coppotelli H. Dimensions and types of social status:A cross-age perspective[J]. Developmental Psychology,1982,18(4):557-570.

Dunnington M J. Behavioral differences of sociometric status groups in a nursery school [J]. Child Development,1957,28(1):103-111.

Eckerman C O,Whately J L,Mcgehee L J. Approaching and contacting the object another manipulates:A social skill of the 1-year-old[J]. Developmental Psychology,1979,15(6):585-593.

Fogel A,Others A. Young children's responses to unfamiliar infants:The effects of adult involvement[J]. International Journal of Behavioral Development,1987,10(10):37-50.

Gazelle H,Rudolph K D. Moving toward and away from the world:Social approach and avoidance trajectories in anxious solitary youth[J]. Child Development,2004,75(3):829-849.

Hay D F,Pedersen J,Nash A. Dyadic Interaction in the First Year of Life[M]//Rubin K H,Ross H S. Peer Relationships and Social Skills in Childhood. Springer,New York,NY,1982.

Howes C,Rubin K H,Ross H S,et al. Peer interaction of young children[J]. Monographs of the Society for Research in Child Development,1988,53(1):i,iii,v,1-92.

Newstetter W I,Feldstein M J,Newcomb T M,et al. Group adjustment:A study in experimental sociology[J]. American Journal of Sociology,1938,44(2):313-314.

Mead G H. Mind,Self,and Society[M]. Chicago:University of Chicago Press,1934.

Moore S,Updegraff R. Sociometric status of preschool children related to age,sex,nurturance-giving,and dependency. Child Development,1964,35(2):519-524.

Piaget J. The Moral Judgment of the Child[M]. Kegan Paul,Trench,Trubner & Co. Ltd,1932.

Parker J G,Asher S R. Peer relations and later personal adjustment:Are low-accepted children at risk? [J]. Psychological Bulletin,1987,102(3):357-89.

Peery J C. Popular,amiable,isolated,rejected:A reconceptualization of sociometric status in preschool children[J]. Child Development,1979,50(4):1231-1234.

Roff M,Sells S B,Golden M M. Social adjustment and personality development in children[J]. Oxford,England:University of Minnesota Press,1972.

Rubin K H,Coplan R,Chen X,et al. Peer Relationships in Childhood[M]//Bornstein M H & Lamb M E (Eds.). Developmental science:An advanced textbook. Mahwah, NJ,US:Lawrence Erlbaum Associates Publishers,2005:469-512.

Whitley B E,Schofield J W. Peer nomination vs. rating scale measurement of children's peer preferences[J]. Social Psychology Quarterly,1983,46(3):242-251.

Wright J C,Giammarino M,Parad H W. Social status in small groups:Individual-group similarity and the social "misfit"[J]. Journal of Personality & Social Psychology, 1986,50(3):523-536.

研究 18　助人行为

一、研究背景

　　助人行为是一种典型的亲社会行为,人们常常帮助别人,也常常在自己需要的时候希望别人能对自己伸出援助之手。这种举手之劳的助人行为非常普遍,助人行为是儿童社会化的一个重要标志。很小的儿童就能够帮助他人,即使他们并没有从中得到物质奖励。Rheingold(1982)观察了 18~30 个月的儿童在 9 种任务上的助人行为,发现 18 个月的幼儿在 4 种任务的帮助人数都超过了 50%,30 个月的儿童在 8 种任务的帮助人数都超过了 50%。

幼儿的助人行为

　　研究者发现,幼儿的帮助行为并不是随机的,他们能结合他人的意图和信念采取帮助行为(Warneken & Tomasello,2006)。18 个月的幼儿在主试够不着地上的纸片时较多地帮助主试,在主试故意把纸片扔到地上时更少地帮助主试,这说明幼儿的帮助行为并非是盲目的,而是建立在对方是否需要帮助的基础上。这也驳斥了"儿童助人行为单纯出于模仿"的观点,强调了婴儿在助人行为中表现出的智慧。

　　18 个月大的幼儿能够依据主试的信念提供帮助行为(Buttelmann,Carpenter & Tomasello,2009)。在真实信念条件下,求助者看见玩具从盒子 1 被转移到盒子 2,而后试图打开盒子 1 但失败了,3/4 的幼儿选择打开盒子 1。在错误信念条件下,求助者中途离开房间,不知道玩具已经被转移到盒子 2。回到房间后,求助者试图打开空盒子但失败了,此时 5/6 的儿童选择打开另一个装有玩具的盒子。

　　助人行为可以根据动机分为工具性和利他性两类。简单的工具性助人能力在幼儿身上已有体现,面对复杂的、需要付出自身利益的情境时,儿童的利他性助人行为呈现出更明显的发展趋势。这是因为工具性帮助需要儿童理解他人行为的目标,所以较早出现;而利他性帮助需要儿童放弃自身的利益、做出一定的牺牲去帮助别人,所以较晚出现(Svetlova,Nichols & Brownell,2010)。一般来说,工具性帮助行为在 2 岁已经达到天花板,但分享行为直到 4 岁依然处于较低水平(Dunfield & Kuhlmeier,2013)。此外,年龄较大的孩子对于求助信号也更加敏感。当求助者通过各种方式逐步表达自己的需要时,年龄较小的儿童需要求助者提供更多的求助线索才能给予帮助(Svetlova,Nichols & Brownell,2010)。

140

学前儿童的助人行为

在这个阶段,儿童的帮助行为容易受到情境因素的影响。例如在 Iannotti(1985)的经典研究中,主试在写字的时候不小心碰倒了铅笔盒,等待 20 秒后主试开始捡铅笔。研究发现儿童在此任务的帮助行为和自然观察中的帮助行为没有显著相关。Stanhope、Bell 和 Parkercohen(1987)发现气质和情景以交互的方式影响着儿童的助人行为。实验室采用的帮助任务包括:帮助成人捡星星纸片、帮助成人打开笔盖、帮助成人打开锁、帮助成人打扫房间等。研究发现,更具社会性的儿童在实验室任务中表现出更多的帮助行为,且儿童在家中的帮助行为与社会性不存在关联。

情境的影响还体现在其他方面。5 岁儿童比 3 岁儿童更倾向于认为求助者能够自己帮自己(Kim,Sodian & Paulus,2014),他们是否会因为别人的存在而不去帮助呢? 这是有可能的。当只有自己在场时,几乎所有的儿童都会帮助主试。当有其他儿童在场的时候,5 岁儿童的帮助行为减少到一半,表现出旁观者效应(Plotner et al. ,2015)。

由于助人行为容易受到任务和情境的影响,对于助人动机的研究就显得尤为必要。在 20 世纪,一项基于自然观察的追踪研究录制了 1~2 岁的幼儿和父母自然的互动过程,并对父母和儿童的行为进行编码(Eisenberg et al. ,1992)。该研究随后录制了 3~4 岁时儿童和同伴自由玩耍的视频,并对儿童在游戏过程中的亲社会行为进行编码。研究未发现儿童与父母的亲社会行为和儿童与同伴游戏时的亲社会行为存在相关关系,但发现早期父母对于顺从自己要求的儿童的鼓励行为和后来儿童顺从同伴要求的亲社会行为存在负相关。这说明父母的强化并不是儿童助人行为的必要条件。

助人行为本来是自主的,来自外界的物质奖励可能会使得儿童认为自己是为了获得奖励而采取帮助,当撤销了奖励后儿童会更少帮助别人。Warneken 等人的一项实验研究直接地说明了这点(Warneken & Tomasello,2008)。实验用的奖励品是一种小方块,将它放入一个盒子能够引发好听的声音。20 个月大的幼儿在帮助他人后得到了物质奖励、言语夸奖,或者没有获得任何奖励,随后考察他们在一个没有奖励的情景下他们是否做出帮助行为。实验发现曾经获得物质奖励的儿童在撤去奖励后的帮助行为比一直没有受到奖励的儿童少。令人欣慰的是,多数曾经得到夸奖的儿童在没有得到夸奖时也做出了帮助行为。

那么,儿童为何做出助人行为呢? 研究者认为儿童的助人行为大多不是为了赢得物质的奖励,而是来自内在的动机。例如,对积极自我的追求是驱使儿童做出助人行为的原因(Bryan,Master & Walton,2014)。在实验中,主试对一半儿童说"有些孩子选择帮助别人,你可以选择帮助别人……",对另一半儿童说"有些孩子选择做一个帮助别人的人,你可以选择做一个好帮手……"。结果发现,后一种条件(助人者条件)下的儿童更多地选择放下手中的活动去帮助别人。这也许可以解释 3~6 岁儿童的助人行为,因为这个年龄段的孩子已经对自我有了一定的认识。

　　另一种可能是农业社会生产的需要(Warneken,2015)。在家庭中儿童并不只是消费者,同时也是生产者,儿童确实能够帮助父母为家庭做出贡献。这种观点得到了一些研究的支持。例如儿童帮助父母做家务的时间存在着城乡差异,农村地区儿童做家务的时间就会多一些(刘爱玲等,2008)。而城市家庭的父母认为家务对于学习没有帮助,儿童也很少参与家务(Goh & Kuczynski,2014)。美国虽然已经实现城市化,但儿童依然常常参与家务劳动。这是因为美国家庭一般有 2 个孩子,半数儿童随父母居住,还有 1/4 的儿童居住在单亲家庭,由于父母精力有限,打扫卫生、购买食品成为儿童日常的活动。随着儿童年龄的增长,儿童也越来越多地参与家务劳动。一项全国性调查发现,13～14 岁青少年比 10～12 岁儿童每周多花费 1.7 个小时做家务(Gager, Sanchez & Demaris,2009)。

进化视角下的帮助行为

　　进化心理学从物种进化的角度解释人类行为的意义,进化理论认为,助人是一种社会适应性行为,物种为了更好地在竞争中生存,避免受到其他物种或者环境的威胁,必须相互合作和相互帮助。事实上,帮助行为也存在于其他动物身上,尤其是和人类最近的灵长类动物。

　　卷尾猴在有物质奖励时能够做出帮助行为(Drayton & Santos,2014)。在实验中,卷尾猴的面前摆放着两个物品,实验员的手穿过笼子的小洞,试图拿到其中一个物品,但没有够着。接下来卷尾猴有 60 秒的时间从面前的两个物品中选择一个递给实验员以换取奖励。在超过 90% 的试次中,卷尾猴会递给实验员任一物品;在 76% 的试次中,卷尾猴选择了实验员试图获得的物品。

　　与卷尾猴不同,和人类在种系上更接近的黑猩猩,在没有物质奖励时也会提供帮助,而且它们的帮助行为更具有技巧性。黑猩猩会将合适的工具递给求助的黑猩猩(Yamamoto,Humle & Tanaka,2012),当实验员做出伸手够物的行为时,黑猩猩在约一半的试次中把物品递给实验员,无论它是否得到物质奖励(Warneken et al.,2007)。另一个实验考察黑猩猩的帮助行为(Greenberg et al.,2010)。在一种实验条件下,有一只黑猩猩在实验开始就获得食物。此时如果参与一个合作行为(把一个木板拉动到终点),会帮助另一个笼子里的黑猩猩也得到食物。研究发现在 40% 的试次中黑猩猩做出了帮助行为。

　　也有研究者认为黑猩猩并没有那么亲社会(Tennie,Jensen & Call,2016)。实验中黑猩猩待在不同的笼子里,笼子之间隔着一条过道。在实验条件 1,黑猩猩打开夹子后另一个笼子的接受者能够从盒子中获得食物;在实验条件 2,黑猩猩打开夹子会阻碍另一个笼子的接受者从盒子中获得食物。实验发现两组黑猩猩打开夹子的行为并没有显著差别,它们都很少打开夹子。总体来说,许多灵长类动物也能做出帮助行为,但是它们不像儿童那样积极主动,更多是基于自利的原因。

本研究利用助人行为范式,通过助人时间和助人潜伏期等指标考察儿童助人行为的发展。

二、研究对象与材料

1.研究对象:随机选取大班、中班、小班儿童,男女各半。
2.研究材料:笔和本子若干,记录纸、手表或其他计时工具。

三、研究程序

1.儿童正在游戏的时候,主试假装跑过来,手里拿的若干笔和本子突然掉在地上,主试边说"啊呀",边假装捡东西,看儿童在三十秒内的反应。
2.如果儿童没有过来,主试说"可以帮我一下吗?"如果儿童没有反应继续求助,总共三次,看儿童在三十秒内的反应。
3.记录儿童帮助行为的潜伏时间,即从主试掉落物品到儿童开始帮助主试捡东西的间隔时间。

四、结果分析

1.比较不同年龄儿童的潜伏时间和帮助主试的时间。
2.比较不同性别儿童的帮助行为。

五、讨论

1.不同年龄儿童助人行为的发展。
2.哪些因素影响儿童的助人行为?
3.受助者的感谢和第三者的夸奖对助人行为的影响相同吗?

参考文献

刘爱玲,胡小琪,栾德春,等.我国中小学生参加家务劳动情况分析[J].中国学校卫生,2008,29(12):1071-1073.

Bryan C J,Master A,Walton G M. "Helping" versus "Being a helper":Invoking the self to increase helping in young children. Child Development,2014,85(5):1836-1842.

Buttelmann D,Carpenter M,Tomasello M. Eighteen-month-old infants show false belief understanding in an active helping paradigm[J]. Cognition,2009,112(2):

337-342.

Drayton L，Santos L. Capuchins'（ cebus apella）sensitivity to others' goal-directed actions in a helping context[J]. Animal Cognition，2014，17（3）：689-700.

Dunfield K A，Kuhlmeier V A. Classifying prosocial behavior：Children's responses to instrumental need，emotional distress，and material desire[J]. Child Development，2013，84（5）：1766-1776.

Eisenberg N，Wolchik，Sharlene A，et al. Parental values，reinforcement，and young children's prosocial behavior：A longitudinal study[J]. Journal of Genetic Psychology，1992，153（1）：19-36.

Gager C T，Sanchez L A，Demaris A. Whose time is it? The effect of employment and work/family stress on children's housework[J]. Journal of Family Issues，2009，30（30）：1459-1485.

Goh E C L，Kuczynski L. 'she is too young for these chores'—is housework taking a back seat in urban chinese childhood? [J]. Children & Society，2014，28（4）：280-291.

Greenberg J R，Hamann K，Warneken F，et al. Chimpanzee helping in collaborative and noncollaborative contexts[J]. Animal Behaviour，2010，80（5）：873-880.

Iannotti R J. Naturalistic and structured assessments of prosocial behavior in preschool children：The influence of empathy and perspective taking[J]. Developmental Psychology，1985，21（1）：46-55.

Kim S，Sodian B，Paulus M. Does he need help or can he help himself? Preschool children's expectations about others' instrumental helping versus self-helping[J]. Frontiers in Psychology，2014（5）：430.

Plotner M，Over H，Carpenter M，et al. Young children show the bystander effect in helping situations[J]. Psychological Science，2015，26（4）：499-506.

Rheingold H L. Little children's participation in the work of adults，a nascent prosocial behavior[J]. Child Development，1982，53（1）：114-25.

Stanhope L，Bell R Q，Parkercohen N Y. Temperament and helping behavior in preschool children[J]. Developmental Psychology，1987，23（3）：347-353.

Svetlova M，Nichols S R，Brownell C A. Toddlers' prosocial behavior：From instrumental to empathic to altruistic helping[J]. Child Development，2010，81（6）：1814-1827.

Tennie C，Jensen K，Call J. The nature of prosociality in chimpanzees [J]. Nature Communications，2016，7：13915.

Warneken F. Precocious prosociality：Why do young children help? [J]. Child Development Perspectives，2015，9（1）：1-6.

Warneken F，Hare B，Melis A P，et al. Spontaneous altruism by chimpanzees and young children[J]. PLoS Biology，2007，5（7）：e184.

Warneken F，Tomasello M. Altruistic helping in human infants and young chimpanzees[J]. Science，2006，311(5765)：1301-1303.

Warneken F，Tomasello M. Extrinsic rewards undermine altruistic tendencies in 20-month-olds[J]. Developmental Psychology，2008，44(6)：1785-1788.

Yamamoto S，Humle T，Tanaka M. Chimpanzees' flexible targeted helping based on an understanding of conspecifics' goals[J]. Proceedings of the National Academy of Sciences，2012，109(9)：3588-3592.

研究 19　分配行为

一、研究背景

公平性是道德发展的核心,也是合作和分享行为的基础,公平维系着人类社会的和谐和稳定,资源分配的公平性影响着自我和他人的切身利益。在发展心理学中,一般通过分配行为研究儿童的公平性,分配公平性是指"个人和社会如何以公平的方式对资源进行分配"(Deutsch,1975)。

研究发现,个体在分配过程中并非总是追求自身利益的最大化,还会关注分配的公平性。分配的公平性可以依据均衡、平等和需要这三条原则来判断(Deutsch,1975;张雪等,2014;于静,朱莉琪,2010;Paulus,2014)。均衡(equity)原则主张把资源分给最具有生产力的个体,有利于促进社会生产力的发展;平等(equality)原则主张把资源平均分配,有利于维持社会关系;需要(need)原则主张按照每个成员的需求进行分配,有利于福利(Deutsch,1975)。本研究主要考察平等分配这一公平原则。

研究范式

独裁者博弈和最后通牒是两种常见的分配任务,可用于衡量分配的平等性(于静,朱莉琪,2010)。如图 5-2 所示,在两个任务中,有提议者和接收者两方参与博弈。实验者给提议者一笔钱、代币或者贴纸和糖果(儿童喜欢的东西),让提议者来分配,在这两个任务中,接收者的权利不同:在独裁者博弈中,接收者只能接受,无权拒绝分配方案;在最后通牒任务中,接收者有权拒绝分配方案,若接收者拒绝方案,提议者和接收者都得不到任何物品。

理论上,在这两种分配方案中,人们可以选择给自己分配尽量多的资源,毕竟,作为独裁者,接收者无权拒绝。而在最后通牒中,虽然接收者可以拒绝,但不管多少都聊胜于无,接收者应该会接受"嗟来之食",这也正是"理性人假设"的核心要义。

"理性人假设"认为,为了获得最大利益,个体会尽可能给自己多分配,接收者应该接受任何形式的分配方案,因为分配总是会使自己的财富增加。

可是出人意料的是,在两种分配中,提议者都不愿意独占资源,且有相当数量的提议者愿意平分资源。在一项分配金钱的研究中,提议者和接收者是互不相识的大学生,在单次独裁者博弈游戏中,超过 20% 的大学生愿意和对方平分 5 美元或 10 美元(Forsythe et al.,1994)。而在最后通牒中,多数儿童拒绝了不平等的分配(Takagishi et al.,2010)。

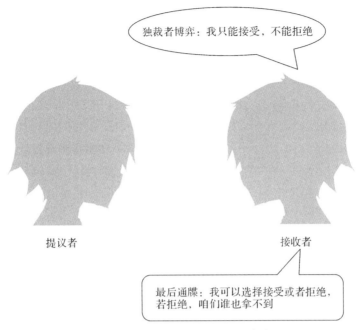

图 5-2　独裁者博弈和最后通牒任务

儿童公平性发展

　　研究者采用以上两种范式考察了 8 岁以前儿童公平性的发展,发现无论在独裁者博弈还是最后通牒中,随着年龄的增长,儿童会越来越多地选择公平分配,拒绝不公平分配。Fehr,Bernhard 和 Rockenbach(2008)使用匿名的独裁者博弈游戏考察了 3～8 岁儿童分配的公平性。实验设计了三种分配情形:1)亲社会条件。提议者可以选择与接收者各自得到 1 颗糖果,也可以选择自己拿 1 个,不分给接收者。2)嫉妒条件。提议者可以选择让别人得到 1 个,也可以让别人得到 2 个;提议者自己总是只能获得 1 个。3)分享条件。提议者可以选择和接收者都得到 1 个,或是把 2 个都给自己,不分给接收者。结果发现,随着年龄的增长,儿童在三种条件下都倾向于选择更为平均的分配方案。

　　有研究发现成年人在这两类任务上的表现存在差异,分配者在最后通牒任务中表现得更为大方(Forsythe et al.,1994)。进一步的研究发现,儿童在这两种分配任务中的表现可能遵循不同的发展轨迹。例如 9～18 岁未成年人在独裁者游戏中的平均分配行为并未随年龄增长而增加,在最后通牒任务中的平均分配行为却随着年龄增长而增加(Güroğlu,Van & Crone,2009)。这可能是因为,随着年龄的增长儿童的心理理论逐渐提高,这促使儿童考虑对方是否会接受自己的分配方案,从而在最后通牒任务中更多地选择平均分配(陈童,伍珍,2017)。有许多研究发现心理理论较好的儿童和成人更多地在最后通牒任务中选择平均分配(Takagishi et al.,2010;Hoffman et al.,2000;王斯,苏彦捷,2013),这种心理机制可能是两类分配任务的表现存在差异的原因。

“不公平”厌恶

心理学家提出了“差异厌恶模型”解释人们对公平分配的偏好和不公平分配的厌恶。在分配资源时,个体会比较自己和他人所得,当自己比他人少时,可能会嫉妒,比其他人多时,可能会内疚(“内疚-嫉妒”理论,Fehr & Schmidt,1999),所以人们倾向于让自己感觉舒服的公平分配,厌恶不公平分配。不公平的分配有两种情况,一种是自己比他人多的有利不公平(advantageous inequity,AI),另一种是自己比别人少的不利不公平(disadvantageous inequity,DI)。

Blake 和 McAuliffe 采用一种新颖的游戏(Inequity Game,不公平游戏)探索儿童对于有利不公平和不利不公平的态度是如何发展的,发现 8 岁儿童对于两种不公都表现出厌恶(Blake & McAuliffe,2011)。如图 5-3 所示,有别于独裁者博弈游戏,不公平游戏的提议者是实验人员,儿童不能选择分配方案,只能表示接受或者拒绝。

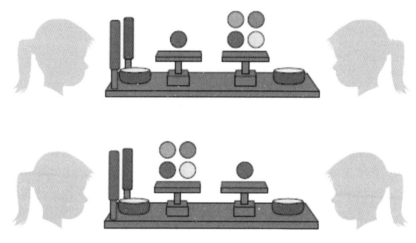

图 5-3 不公平游戏

(采自 Mcauliffe et al. ,2017)

在实验中,不相识的两名儿童面对面坐着,他们面前摆放着两个碟子用以盛放待分配的糖果,其中一名儿童作为分配者,另一名儿童作为接收者,分配者需要决定接受还是拒绝实验人员提供的分配方案。实验人员告诉负责分配的儿童,如果选择接受分配方案就拉动一个绿色的杆子,否则拉动一个红色的杆子。一半的儿童参与了不利不公平的实验条件,在实验中分配者需要考虑是否接受不利于自己的分配方案(分给自己 1 个糖果,给对方 4 个糖果)。另一半的儿童参与了有利不公平的实验条件,在实验中分配者需要选择是否接受有利于自己的分配方案(分给自己 4 个糖果,给对方 1 个糖果)。研究发现,4 岁儿童拒绝不利于自己的分配方案,表现出对于不利不公平的厌恶;8 岁儿童拒绝有利于自己的分配方案,表现出对于有利不公平的厌恶。Blake 和 McAuliffe 认为，儿童对于不利不公平的厌恶可能是儿童在早期的竞争活动中形成的，而对于名誉的关心促使他们拒绝有利于自己的分配方案。

"不公平"厌恶的起源

不利不公平厌恶的起源是什么呢？卷尾猴在不利不公平的条件下的拒绝率只有16%，在有利不公平的条件下拒绝率只有8%——它们似乎不会拒绝不公平的分配方案（Mcauliffe et al.，2015）。另一方面，儿童对不利不公平的厌恶不是因为自己无法得到 4 颗糖果所以胡乱选择，他们有明确的目的，不希望别人少（Mcauliffe，Blake & Warneken，2014）。Mcauliffe 等人认为，这种社会比较的心理机制可能是人类所独有的。

对于不利不公平的厌恶直接关系到人类的互惠行为。有一种以眼还眼、以牙还牙的互惠行为，被称作"负的互惠"（negative reciprocity）。对于不利不公平的厌恶会使得儿童拒绝不利于自己的分配，例如在最后通牒任务中接收者可以选择拒绝，使得两个人都得不到。交换分配者和接收者的身份可以检验这种互惠行为（Schug et al.，2016）。实验中两个儿童先完成一个最后通牒任务，而后分配者和接收者交换身份，再完成一个独裁者博弈任务。研究发现接收者得到了不公平的分配后，在随后的独裁者博弈任务中也变得更小气了。

还存在另一种"投桃报李"的互惠行为，它被称作"正的互惠"（positive reciprocity）。Schug 等人测量了儿童对他人心智的理解，并得出两点结论：（1）对他人心智的理解有利于儿童做出正的互惠行为。当自己作为接收者得到了公平的分配后，通过错误信念任务的儿童会在之后的独裁者博弈任务中表现得更加公平。（2）与许多研究一致，对他人心智的理解也影响着分配者在最后通牒任务中的公平行为，通过错误信念任务的儿童倾向于做出更公平的分配决定。这项研究从分配者和接收者的角度说明，正的互惠行为与分配者在最后通牒任务中的公平行为是紧密相关、共同发展的。

无论是正的互惠还是负的互惠，它都强调接收者和分配者之间存在互动，然而独裁者博弈中的接收者是无法决定分配者的所得的，为何人们要在独裁者博弈中也表现得公平呢？间接互惠有助于解释独裁者博弈中的公平行为。有人认为，分配行为以外的观察者会影响分配者的行为。分配者希望得到更好的声誉，同时避免未来可能遭遇的来自第三方的惩罚，所以倾向于做出公平的分配。独裁者博弈中的公平行为和间接互惠存在紧密的联系，它需要提议者在社会群体层面考虑自己的行为可能造成的影响，这也使得它容易受到社会文化的影响。

文化和公平

研究者发现公平的发展受到社会文化的影响。一项跨文化研究让来自 7 个不同文化环境的儿童为自己和一名陌生成年女性分配物品（Rochat et al.，2009）。在实验开始的 4 个试次,儿童完成的是标准的独裁者游戏,结果发现儿童将所有物品都分给自己的行为在一些地区比较高(美国和巴西 Recife 地区),在另一些地区比较低(秘鲁和中国)。在实验的最后一个试次,儿童完成一种被称作 Solomon's wisdom 的游戏:儿童依然需要将物品分成两堆,但由成年女性挑选。在这种条件下多数国家儿童的分配变得相对公平了,但秘鲁儿童却呈现相反的趋势。

使用不公平游戏(Inequity Game)的研究发现儿童对有利不公平的厌恶受到文化的影响。2015 年,Blake 等(2015)在 Nature 上发表的论文考察了 7 个国家儿童公平观念的发展规律,并发现了显著的文化差异。在加拿大和美国,儿童随着年龄增长逐渐拒绝有利不公平。在印度、墨西哥、秘鲁和塞内加尔,儿童到 11 岁时仍然乐于接受有利于自己的分配方案。随着年龄增长,中国儿童倾向于拒绝有利不公平(Kajanus et al.,2019)。

本研究使用匿名的独裁者博弈和最后通牒任务,验证儿童分配行为的发展规律。以往研究大多未考虑资源数量对分配行为的影响,本研究设置了 3 种资源水平考察资源稀缺和资源丰富时儿童的分配行为是否存在差异。本研究没有采用迫选的形式(Fehr,Bernhard & Rockenbach,2008;Blake & McAuliffe,2011),而是采用操作更简单和儿童更容易理解的自由分配(Rochat et al.,2009)探索儿童公平分配的发展。

二、研究对象和材料

1. 研究对象:随机选取大班、中班、小班儿童,男女各半。
2. 研究材料:贴纸若干,笔和记录纸。

三、研究程序

本研究包含两个实验:独裁者博弈和最后通牒。每个实验包含三个任务,三个任务需要在被试间平衡。

1. 独裁者博弈任务

主试对儿童说:"小朋友,你现在有二/四/六个贴纸,你可以分给班里一个小朋友,你分给他之后,剩下的就是你的,你现在愿意分给他几个?"

2. 最后通牒任务

主试对儿童说:"你现在有二/四/六个贴纸,你可以分给班里一个小朋友,你分给他之后,剩下的就是你的。但是他有权拒绝,如果他拒绝,你俩什么也得不到,你现在愿意分给他几个?"

四、结果分析

1. 比较不同年龄儿童在独裁者博弈任务中给对方分配的数量。

2.比较不同年龄儿童在最后通牒任务中给对方分配的数量。

3.比较不同年龄儿童在独裁者博弈任务中的分配方式(平等分配、不平等分配)。

4.比较不同年龄儿童在最后通牒任务中的分配方式(平等分配、不平等分配)。

5.比较两种任务中的分配方式。

五、讨论

1.讨论儿童分配行为的发展。

2.讨论资源数量对分配行为的影响。

3.讨论不同博弈方式对分配结果的影响。

4.讨论儿童公平分配行为的影响因素。

参考文献

陈童,伍珍.儿童的分配公平性:心理理论的作用[J].心理科学进展,2017,25(8):
　　1299-1309.

王斯,苏彦捷.从理解到使用:心理理论与儿童不同情境中的分配公平性[J].心理学报,
　　2013,45(11):1242-1250.

于静,朱莉琪.儿童公平行为的发展——来自博弈实验的证据[J].心理科学进展,2010,
　　18(7):1182-1188.

张雪,刘文,朱琳,等.基于贡献原则的幼儿分配公平性[J].心理科学进展,2014,22
　　(11):1740-1746.

Blake P R,Mcauliffe K,Corbit J,et al. The ontogeny of fairness in seven societies[J].
　　Nature,2015,528(7581):258-61.

Blake P R,McAuliffe K. "I had so much it didn't seem fair":Eight-year-olds reject two
　　forms of inequity. Cognition,2011,120(2):215-224.

Deutsch M. Equity,equality,and need:What determines which value will be used as the
　　basis of distributive justice? [J]. Journal of Social Issues,1975,31(3):137-149.

Fehr E,Bernhard H,Rockenbach B. Egalitarianism in young children[J]. Nature,2008,
　　454(7208):1079-1083.

Fehr E,Schmidt K M. A theory of fairness,competition,and cooperation. Quarterly
　　Journal of Economics,1999,114(3):817-868.

Forsythe R,Horowitz J L,Savin N E,et al. Fairness in simple bargaining experiments[J].
　　Games & Economic Behavior,1994,6(3):347-369.

Güroğlu B,Van den Bos W,Crone E A. Fairness considerations:Increasing understanding of
　　intentionality during adolescence[J]. Journal of Experimental Child Psychology,
　　2009,104(4):398-409.

Hoffman E，Mccabe K，Smith V. The impact of exchange context on the activation of equity in ultimatum games[J]. Experimental Economics，2000，3(1)：5-9.

Kajanus A，McAuliffe K，Warneken F，et al. Children's fairness in two Chinese schools：A combined ethnographic and experimental study[J]. Journal of Experimental Child Psychology，2019，177：282-296.

Mcauliffe K，Blake P R，Steinbeis N，et al. The developmental foundations of human fairness[J]. Nature Human Behaviour，2017，1(2)：0042.

Mcauliffe K，Blake P R，Warneken F. Children reject inequity out of spite[J]. Biology Letters，2014，10(12)：20140743.

Mcauliffe K，Chang L W，Leimgruber K L，et al. Capuchin monkeys，cebus apella，show no evidence for inequity aversion in a costly choice task[J]. Animal Behaviour，2015(103)：65-74.

Paulus M. The early origins of human charity：Developmental changes in preschoolers' sharing with poor and wealthy individuals [J]. Frontiers in Psychology，2014 (5)：344.

Rochat P，Dias M D G，Liping G，et al. Fairness in distributive justice by 3-and 5-year-olds across seven cultures[J]. Journal of Cross-Cultural Psychology，2009，40(3)：416-442.

Schug J，Takagishi H，Benech C，et al. The development of theory of mind and positive and negative reciprocity in preschool children[J]. Frontiers in Psychology，2016(7)：888.

Takagishi H，Kameshima S，Schug J，et al. Theory of mind enhances preference for fairness[J]. Journal of Experimantal Child Psychology，2010，105(1-2)：130-137.

研究 20　道德判断

一、研究背景

微课堂：
道德判断实验

　　道德认知主要指个体对于道德知识和道德评价标准的理解和掌握。1932 年皮亚杰于出版的《儿童的道德判断》中探讨了三个问题：(1)儿童对于规则的理解；(2)儿童对于道德责任的理解；(3)儿童对于公正的理解。在书中皮亚杰列举了自己通过对偶故事探索儿童道德认知的方法。以下是一组对偶故事：

　　故事 1：约翰并不知道门背后有这些东西。他推门进去，门撞倒了托盘，结果 15 个杯子都撞碎了。

　　故事 2：亨利爬到一把椅子上，并伸手去拿果酱。在试图取果酱时，他碰倒了一个杯子，结果杯子倒下来打碎了。

　　故事 1 中约翰的行为是无意的，但是造成了较大的损失；故事 2 中亨利的行为是有意的，但是造成的损失比较小。在儿童听完问题后，皮亚杰问："谁更淘气?"儿童的回答明显分成两类，一类是根据行为后果判断行为好坏，年龄较小的儿童一般认为约翰更淘气，因为他打碎的杯子比较多。另一类是根据行为动机判断，年龄较大的儿童认为亨利更淘气，因为他是故意的。据此，皮亚杰指出儿童的道德发展存在三个阶段：

　　第一阶段：前道德阶段。前运算阶段的儿童思维具有自我中心的特点，很少表现出对于规则的关注。他们的行为直接受到行为结果的支配。故此阶段的儿童还不能对行为做出一定的判断。

　　第二阶段：他律道德阶段(heteronomous morality)。此阶段儿童有了很强的规则意识。他们开始认为规则是权威人物(家长、老师、上帝)制定的，违反规则的人会受到惩罚。他们还认为，惩罚的严重性取决于错误的严重性。在这个阶段儿童认为规则是绝对的、不会改变的，他们依据行为的结果而非意图进行判断，被称作道德现实主义。

　　第三阶段：自律道德阶段(autonomous morality)①。此阶段的儿童表现出道德相对主义，认为道德依赖于自己的准则。儿童认识到世界上没有绝对的对错，规则是人制定的，道德依赖于动机而非结果。皮亚杰认为这是因为儿童的思维开始去自我中心，开始考虑其他有关人的观点，具备了自己做出道德上的判断和决定的能力，而不完全依赖奖励制度(Kamii,1995)。

---

　　①　我们平时说的自律是自我控制，它存在于道德、学业等领域，着眼于"儿童如何做一个守规则和守法的人"；皮亚杰所说的自律限定于道德领域，着眼于"儿童如何评价别人"。

皮亚杰发现,儿童在 4 岁或 5 岁以前处于前道德阶段,随后进入他律道德阶段,在 9 岁或 10 岁之后达到自律道德阶段。

研究范式的发展

科尔伯格发展了皮亚杰的理论,通过道德两难问题衡量儿童的道德水平。科尔伯格综合皮亚杰和康德的观点,提出区分他律和自律的九条标准。例如,互相尊重标准认为自律的道德判断反映了平等合作的意识,他律的道德判断表现为对权威、传统和权力的单方面尊重;可塑性标准认为自律的道德判断需要所有人考虑对方的利益、观点和要求,他律的道德判断仅从一个角度考虑特定的道德问题(郭本禹,1999)。由于解释框架不同,意图—结果的不一致在科尔伯格的理论中被转换成不同视角的冲突。

需要指出的是,无论是皮亚杰还是科尔伯格,他们的研究方法都有一定的局限性。例如皮亚杰的对偶故事使得儿童只能够从两个人物中选出一个,将儿童的评价过度简化了;科尔伯格的道德两难问题使得被试难以做出简单的道德评价,需要对儿童的解释进行烦琐的编码。相比之下,对每个故事中的人物分别做出评价是更为理想的方式。

1995 年,Helwig,Hildebrandt 和 Turiel 使用心理伤害作为故事情境,采用评分的方法较好地重复了皮亚杰的结果。实验所用的故事改编自流行于美国校园的一种游戏。在传统的追逐游戏中,几个人围坐成一圈,另有一个人绕着圆圈行走。行走的人可以拍一下坐着的某一个人的头,同时喊着"goose"吸引这个人来追他。在实验中"goose"被替换成带有明确贬义的词"stupid",主试向 6~12 岁儿童介绍了这个游戏后描述了 4 种情形:一名玩家出于善意(或恶意)叫另一个人"stupid",被叫到的人觉得很开心(或难过)。实验发现,当积极的意图造成了消极后果时,1 年级学生比 5 年级学生做出了更消极的评价;当消极的意图造成了积极的后果时,1 年级学生比 5 年级学生做出了更积极的评价。

Helwig,Zelazo 和 Wilson(2001)进一步探索了 3~7 岁儿童和成年人对于意图和心理伤害的权衡。例如在一个故事中一个孩子故意(或是不小心)将一只宠物作为生日礼物送给了同学,同学觉得很开心(或是害怕)。之后儿童被问及是否惩罚送礼物的孩子。3 岁儿童在任何条件下都倾向于不惩罚。5 岁和 7 岁儿童倾向于在造成负面结果的时候惩罚,即使意图是善意的,表现出对于结果的关注。成年人在意图为善意时倾向于不惩罚。

Jambon 和 Smetana(2014)的研究也表明较小儿童的道德判断主要是基于结果的。研究所用的故事包含了必需的伤害或故意的伤害,行为的结果造成了心理伤害(让人伤心)或身体伤害(让人疼痛)。以下是一个出于必要的原因造成伤害的故事:为了避免朋友做一个危险的行为(爬上屋顶),主人公踢了他一脚让他没法爬上去。这让朋友觉得很伤心(或觉得很疼),后来朋友哭着回家了。结果发现年龄较小的儿童(6 岁)比年龄较大的儿童(9 岁)对必要伤害做出了更严厉的道德评价,他们难以接受必要的伤害,认为应该惩罚故事中的主人公。

也有研究者认为很小的儿童也能够考虑意图。Nelson(1980)把故事主人公的意图通过"思维泡泡"的方式表示出来,通过评分的方法让儿童指出行为的好坏。研究发现行为的意图和结果都对儿童的道德判断产生了影响,说明儿童能够同时考虑意图和结果。改变提问方式(Nobes,Panagiotaki & Bartholomew,2016)、训练儿童的元认知也能改变儿童的道德判断(Gvozdic et al.,2016)。例如在 Nobes,Panagiotaki 和 Bartholomew(2016)等人的实验中,儿童被问及"如果父母知道了故事主人公的意图,会惩罚他吗",多数儿童依据意图做出判断。

道德标准的习得

皮亚杰的认知发展理论认为儿童的道德认知需要经历一系列的发展阶段,是一个缓慢的过程。社会学习理论者认为儿童对于道德的判断是模仿他人价值观和行为的结果,儿童目睹成人做出与自己不同的道德判断后会改变自己原先的判断,这种改变可以是快速的。这种观点得到了实验结果的支持(Bandura & McDonald,1963;Cowan,et al.,1969),但它并没有否定皮亚杰的贡献。Cowan 等(1969)还发现,当成人榜样以结果为标准进行判断时,儿童较早学会成人的解释,但在两星期后这种榜样的效应减弱了;当成人以意图为标准进行判断时,儿童较早学会以意图判断主人公的好坏,并在两星期后的测试中继续按意图做出判断。这似乎说明符合道德认知发展规律的社会学习更容易得到保持。

皮亚杰认为,儿童和成年人的互动是单边的,儿童需要尊重和服从成年人,但不会得到同等的尊重,这使得儿童形成了他律的道德观。而在和同伴的互动中儿童得到了对等的尊重和理解,他们需要考虑各方的观点和动机,从而建立起自律的道德观。Michèle Ruffy(1981)对瑞士和美国儿童的研究考察了 4~9 岁儿童的道德观念。实验组的儿童分三个阶段参与实验,在第一个阶段每位儿童单独作答,第二个阶段两个儿童在一起商量问题的答案,第三个阶段儿童需要再次单独回答相同的问题。对照组仅参与第一和第三阶段。研究发现实验组(有同伴参与时)的道德判断比对照组(无同伴参与时)更倾向自律道德。此外,受过学校教育的瑞士儿童的道德观比未经过学校教育的瑞士儿童更偏向自律道德。

从实践的角度看,引导儿童考虑对方的意图是有意义的,因为道德判断需要对评价对象的准确认识。意图有助于我们认识一个人,帮助我们预测对方的行为。当关注一个人的好坏时,5~6 岁儿童也能够结合意图做出评价(Nobes,Panagiotaki & Bartholomew,2016)。另一方面,研究者对根据意图进行道德判断这一提法进行了反思。对于意图的理解并不能直接推出道德相对主义,例如为了避免别人从树上坠落而选择将他拉下来,这并不意味着伤害别人就是正当的。道德标准本身需要一定的稳定性,即使在最平常的弹珠游戏中,我们也希望游戏规则能基本不变。

本研究选取学前儿童为被试,采用对偶故事法,验证皮亚杰关于儿童道德认知的理论。

二、研究对象和材料

1.研究对象:4~6 岁儿童,男女各半。

2.研究材料:三组故事

(1)故事 1

①妈妈正在放刚买来的鸡蛋,明明也来帮忙,可一不小心碰到了装鸡蛋的篮子,打碎了 10 个鸡蛋。

②豆豆想玩桌上的变形金刚,伸手拿时不小心碰掉了妈妈放在桌上的鸡蛋,打碎了两个鸡蛋。

(2)故事 2

①容容和一个同学在教室里玩,这个同学不小心把手弄破了,鲜血直流,容容很着急,可是又找不到止血的东西。他看见同桌的书包里有一块非常漂亮的小手绢,就拿去给同学包手了。

②亮亮一个人在教室里,发现红红的桌子上有一块橡皮,他从没见过这么漂亮的橡皮,他非常喜欢,就把橡皮拿走了。

(3)故事 3

①京京从幼儿园回来,对妈妈说,老师给了个好分数,但这不是真的,老师什么分数也没给。可妈妈却信以为真,非常高兴,奖给他一个玩具。

②佳佳在从学校回家的路上遇见了一条大狗,感到非常害怕,等回到家里,说自己看到了一条和牛一样大的狗。

三、研究程序

1.主试向儿童介绍任务:"小朋友,让我们一起讲几个小故事好吗? 你看看故事中的小朋友做了什么? 想想哪个小朋友坏?"

2.主试分别给儿童讲述三组故事。每讲述完一组故事,主试问儿童:"你觉得哪个小朋友坏?"等待儿童回答后,再问儿童:"为什么这个小朋友坏?"并记录儿童的回答。

3.在测试过程中,三组故事的呈现顺序在被试间平衡。一部分被试按 1—3(故事 1、故事 2、故事 3)的顺序,一部分被试按 3—1(故事 3、故事 2、故事 1)的顺序。

四、结果分析

1.分析不同年龄儿童的道德判断。
2.分析不同年龄儿童的道德归因。

五、讨论

1.学龄前儿童的道德判断和归因有何特征?

2.讨论和解释 4~6 岁儿童进行道德判断时对主人公意图的认识。

3.不同理论流派如何解释儿童的道德判断?

4.研究发现,道德标准的客观性有利于减少不道德行为,违背主流价值观的猎奇式道德解读不利于道德的培养(Rai & Holyoak,2013)。这对于教育有什么启发?

参考文献

郭本禹.从他律道德到自律道德——科尔伯格的道德类型说评介[J].南京师大学报(社会科学版),1999(5):69-74.

Bandura A,McDonald,Frederick J. Influence of social reinforcement and the behavior of models in shaping children's moral judgment[J]. Journal of Abnorm Psychology, 1963,67(67):274-281.

Cowan P A,Langer J,Heavenrich J,et al. Social learning and Piaget's cognitive theory of moral development[J]. Journal of Personality & Social Psychology,1969,11(3): 261-274.

Gvozdic K,Moutier S,Dupoux E,et al. Priming children's use of intentions in moral judgement with metacognitive training[J]. Frontiers in Psychology,2016,7 (616):190.

Helwig C C,Hildebrandt C,Turiel E. Children's judgments about psychological harm in social context[J]. Child Development,1995,66(6):1680-1693.

Helwig C C,Zelazo P D,Wilson M. Children's judgments of psychological harm in normal and noncanonical situations[J]. Child Development,2001,72(1):66-81.

Jambon M,Smetana J G. Moral complexity in middle childhood:children's evaluations of necessary harm[J]. Developmental Psychology,2014,50(1):22-33.

Kamii C.自主:皮亚杰的教育目标[J].张先怡,译.教育科学研究,1995(2):14-18.

Michèle Ruffy. Influence of social factors in the development of the young child's moral judgment[J]. European Journal of Social Psychology,1981,11(1):61-75.

Nelson S A. Factors influencing young children's use of motives and outcomes as moral criteria[J]. Child Development,1980,51(3):823-829.

Nobes G,Panagiotaki G,Bartholomew K J. The influence of intention,outcome and question-wording on children's and adults' moral judgments[J]. Cognition,2016 (157):190-204.

Rai T S,Holyoak K J. Exposure to moral relativism compromises moral behavior. Journal of Experimental Social Psychology,2013,49(6):995-1001.

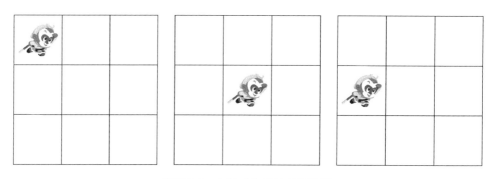

附 录 FULU >>> >

附录1　记忆广度研究资料

1.空间广度记忆材料

附图1-1　空间工作记忆材料示例

2.数字广度记忆材料

位数	第一试	第二试
3	972	641
4	1406	2730
5	39418	85943
6	067285	706294
7	3516927	1538796
……	……	……

注:数字顺背和倒背使用不同的数字序列,可自行编制。

3.研究数据记录表

姓名	空间顺背	空间倒背	数字顺背	数字倒背

注:1.空间顺背、空间倒背、数字顺背、数字倒背各栏分别记录儿童能背诵的最大数字长度。

2.所有数据记录表不包括被试详细信息,读者可根据要求自行设计。

附录 2　形象记忆研究资料

1.研究材料示例

本研究可采取任意图片作为材料,针对年幼儿童,最好采用儿童认识的简单图片,同时识记和干扰材料中需要包含不同类别的物体,以便观察儿童的记忆组织。以下为材料示例。

识记材料(15 张),如附图 2-1 所示。

食物(5 张):葡萄、胡萝卜、鸡蛋、汉堡包、果汁;

日常用品(5 张):香皂、手纸、盘子、壶、桶;

动物(5 张):公鸡、狗、猪、松鼠、蜻蜓。

附图 2-1　识记材料

干扰材料(15 张),如附图 2-2 所示。

食物(5 张):草莓、香蕉、白菜、牛奶、面包;

日常用品(5 张):梳子、剪刀、碗、筷子、盆;

动物(5 张):小鸭、猫、兔、蝴蝶、金鱼。

附图 2-2　干扰材料

2.研究数据记录表

附表 2-1　自由回忆任务记录表

姓名	自由回忆回答	得分

注:儿童进行自由回忆时,直接记录儿童回答;

得分为儿童回答正确的个数,要求回忆的顺序也正确。

附表 2-2　再认任务记录表

识记材料	回答	得分	干扰材料	回答	得分
葡萄			草莓		
胡萝卜			香蕉		
鸡蛋			白菜		
汉堡包			牛奶		
果汁			面包		
香皂			梳子		
...			...		

注:儿童回答一般分为三种:(1)见过;(2)没见过;(3)不知道或者其他。

根据儿童的回答,回答正确,得分为 1 分;儿童回答错误,则记为 0 分。

附录 3 错误记忆实验材料

记忆阶段 7 张图片：

附图 3-1 小京和妈妈准备出门了

附图 3-2 小京拉着妈妈的手过马路

附图 3-3 在公园,妈妈和小京看到
池塘里面有鞋子

附图 3-4 在山坡上,小京遇到了一个
小女孩,小京和她一起放风筝

附图 3-5　小京走到了树林里，
小京看到树上有一个皮球

附图 3-6　乌云飘过来了

附图 3-7　妈妈带着小京回家

测试阶段 4 张新图片：

附图 3-8　小京自己过马路

附图 3-9　池塘里有一只鸭子

附图 3-10　树上有一个苹果

附图 3-11　小京一个人回家

（图采自 http://tuya.100bt.com）

附录4 执行功能研究资料

1.抑制功能记录表(以10组动作为例)

顺序	1	2	3	4	5	6	7	8	9	10
要求										
动作										
得分										

抑制分数:_____   发动分数:_____   总分:_____

抑制分数:0＝完全按命令动作;1＝错误动作;2＝部分按命令动作;3＝没有动作。

发动分数:0＝没有动作;1＝错误动作;2＝部分正确动作;3＝完全正确动作。

2.转换功能记录表

颜色	1	2	3	4	5	6
得分						
形状	1	2	3	4	5	6
得分						

颜色分数:_____   形状分数:_____   总分:_____

3.刷新功能记录表(以3-back为例)

1-back	1	2	3	4	5	是否通过
回答						
得分						
2-back	1	2	3	4	5	是否通过
回答						
得分						
3-back	1	2	3	4	5	是否通过
回答						
得分						

总分:_____

附录 5　守恒研究资料

研究数据记录表

任务	判断	理由	理由分类
长度 A			
长度 B			
物质 A			
物质 B			
液体 A			
液体 B			

注：判断有三种（一样、不一样、其他），理由分类有四种（浪漫、知觉、具体、抽象）。

附录6 词汇理解研究资料

1.研究数据记录表

实验结果记录表

序号	答案	序号	答案	序号	答案	序号	答案	序号	答案
1		36		71		106		141	
2		37		72		107		142	
3		38		73		108		143	
4		39		74		109		144	
5		40		75		110		145	
6		41		76		111		146	
7		42		77		112		147	
8		43		78		113		148	
9		44		79		114		149	
10		45		80		115		150	
...		...		...		...		...	

2.词汇类型统计表

姓名	终点序数	错误数	实际分	A 具体名词	B 概括对象的名词	C 动词	D 形容词	E 数量词	F 合成词

附录 7　词汇学习研究资料

1. 研究材料

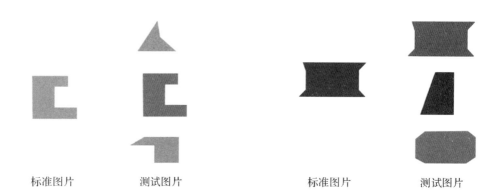

| 标准图片 | 测试图片 | 标准图片 | 测试图片 |

注:标准图片为橙色,测试图片从上到下依次为橙色、红色和咖啡色。标准图片和最下方的测试图片无纹理,另外两张测试图片有纹理。

2. 研究数据记录表

姓名	选择	得分	备注

附录8   性别角色意识研究资料

1.研究材料

本研究男孩和女孩所用的图片一样,根据儿童性别选用不同材料。

如果被试是女孩,材料如下:

发型和着装 规范的女孩	着装改为异性 着装的女孩	发型改为异性 发型的女孩	发型和着装均改为 异性的女孩
图 A	图 B	图 C	图 D

如果被试是男孩,材料如下:

发型和着装 规范的男孩	着装改为异性 着装的男孩	发型改为异性 发型的男孩	发型和着装均改为 异性的男孩
图 A	图 B	图 C	图 D

(图采自李幼穗,2004)

2.研究数据记录表

儿童性别恒常性实验记录表

类别	认知对象	题号	儿童回答	解释	解释水平	得分
认同	自己	Q1				
	他人	Q2				
稳定性	自己	Q3				
		Q4				
	他人	Q5				
		Q6				
一致性	自己	Q7				
		Q8				
		Q9				
		Q10				
	他人	Q11				
		Q12				
		Q13				
		Q14				

水平 0:无关解释,儿童回答一些毫不相关的解释或直接说"不知道"。

水平 1:依据性别外部特征做解释,如:"因为她穿裙子,所以她是女孩""因为他没有头发";或者"我认识小朋友的脸""我认识""我记得""头发还是没变""没有真正换衣服",记得前面测试中图片人物的性别等。

水平 2:已经知道性别是不会变的或可以说出生理解剖学性别特征不同。如:"我就知道她是女孩""他本来就是男孩""因为他有小鸡鸡"。

附录 9　心理理论研究资料

研究数据记录表

问题	儿童回答	通过与否（或得分）
记忆控制问题		
事实检测问题		
信念问题		
行为预测问题		

附录 10　观点采择研究资料

儿童观点采择实验数据记录表

玩偶方位	儿童回答	得分
儿童对面		
儿童左侧		
儿童右侧		

附录 11　延迟满足研究资料

儿童行为记录表

行　为	开始时间	结束时间

开始时间：　　　　　　是否摇铃铛：　　　　　　摇铃铛的时间：

注：行为一栏填写数字,1＝看向贴贴纸,2＝看向房间其他位置。

附录 12　基本情绪理解研究资料

1.表情识别与命名图片

附图 12-1　面部表情卡通图片（从左到右依次为高兴、伤心、害怕、生气）

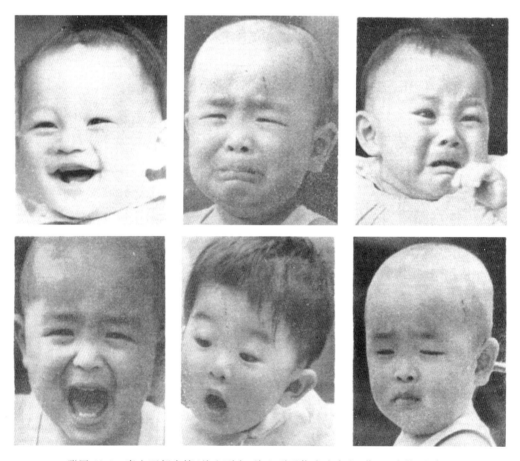

附图 12-2　真人面部表情（从左到右、从上到下依次为高兴、伤心、害怕、生气、
惊奇、厌恶）（采自：孟昭兰，阎军，孟宪东，1985）

2.表情命名参考答案

附表 12-1　表情命名可接受回答

情绪	可接受回答
高兴	高兴、开心、愉快、快乐、大笑、微笑、享受什么东西
伤心	伤心、哭泣、不开心(需与生气区分)、痛苦、悲伤、失望、失落、沮丧、难过
害怕	害怕、恐惧、惧怕、受到惊吓、TA 看到了怪兽/凶狠的动物
生气	生气、发脾气、愤怒、气愤、不高兴(需与伤心区分)、不满、发怒、好像他要去伤害别人
惊奇	惊讶、奇怪、惊奇、他看到了新的/不同的东西、什么事情突然发生在他身上
厌恶	讨厌、恶心、厌恶、不喜欢、他闻到了难闻的气味/吃了不好吃的东西

3.研究数据记录表

附表 12-2　卡通表情识别记录表

情绪名称	高兴	伤心	害怕	生气
表情命名				
表情识别				

注:儿童回答正确,请在对应的表格中打"√";儿童回答错误,请填上儿童错误的回答。

附表 12-3　真人表情识别记录表

情绪名称	高兴	伤心	害怕	生气	惊奇	厌恶
表情命名						
表情识别						

注:儿童回答正确,请在对应的表格中打"√";儿童回答错误,请填上儿童错误的回答。

附录 13　羞愧情绪理解研究资料

儿童回答记录表

其他孩子会怎么想他?	情绪词选择	情绪原因

注:情绪原因理解的计分分为三个层次:行为相关计 1 分,例如"他做得不好";他人评价计 2 分,例如"老师觉得小明没画好";自我评价计 3 分,例如"小明觉得自己没画好"。取最高层次分数为情绪原因的最后得分。

附录 14　气质研究资料

1.气质任务编码规则

通过对幼儿在各任务中的反应性进行观察编码以评估其气质。

1.玩具蛇任务

趋近指标(得分越高,表明儿童表现越趋近)

(1)与主试的接近程度(每 10 秒评估一次,程度评分:0～3)

　　0:回避

　　1:大于一臂距离

　　2:小于一臂距离

　　3:与主试有肢体接触

(2)主动向主试发起言语交流的次数。

(3)活动性水平(每 10 秒评估一次,程度评分:0～3)

　　0:无运动

　　1:轻微活动

　　2:正常活动

　　3:大幅度活动

(4)积极情绪(每 10 秒评估一次是否出现该表情或行为。0:没有出现;1:出现)

微笑:带有或不带有积极言语表达的积极面部情感

积极言语:大笑,高兴地尖叫,咯咯地笑,惊叹(如"哇喔!"或者"太好玩了!")等

(5)消极情绪(每 10 秒评估一次是否出现该表情或行为。0:没有出现;1:出现)

躯体痛苦:带有或不带有言语痛苦的消极面部情感(如皱眉,退缩,僵住,警觉地凝视,惊吓,跑开)

言语痛苦:哭泣,烦躁,抱怨等

抑制指标(得分越高,表明儿童表现越抑制)

(1)触摸蛇的延迟时间:从主试打开盒子开始计算,直到儿童触摸蛇(若儿童始终未触摸,延迟时间为主试打开盒子到任务结束)。

(2)触摸蛇的位置(程度评分:0～3)

　　0:拿起蛇

　　1:触摸蛇

　　2:触摸盒子

　　3:不触摸

(3)触摸蛇的程度(程度评分:0～3)

　　0:拿起来玩

　　1:摸两下及以上

2：摸一下

　　　　3：不触摸

（4）触摸蛇的提示次数：0~3 次（若幼儿未触摸，则记为 4）。

（5）在主试说或幼儿意识到这是"蛇"的反应（程度评分：0~2）

　　　　0：积极反应

　　　　1：无影响

　　　　2：排斥反应

（6）拒绝程度（每 30 秒评估一次，程度评分：0~2）

　　　　0：没有拒绝

　　　　1：言行不一致（说不摸却摸了，或说要摸却没摸）

　　　　2：完全拒绝

（7）与母亲的接近程度（每 30 秒评估一次，程度评分：0~3）

　　　　0：一臂之外

　　　　1：一臂之内，但未触摸母亲

　　　　2：触摸母亲

　　　　3：坐在母亲身上

（8）在母亲一臂之内的时间。

　　2.狼面具任务

趋近指标

（1）与主试的接近程度：同玩具蛇任务。

（2）主动向主试发起言语交流的次数。

（3）活动性水平：同玩具蛇任务。

（4）积极情绪：同玩具蛇任务。

（5）消极情绪：同玩具蛇任务。

抑制指标

（1）触摸狼面具的延迟时间。

（2）触摸狼面具的位置

　　　　0：摸嘴巴和鼻子

　　　　1：摸头部（除嘴巴和鼻子）

　　　　2：触摸其他部位

　　　　3：不触摸

（3）触摸狼面具的程度（程度评分：0—3）

　　　　0：拿起来玩或长时间触摸

　　　　1：摸两下及以上

　　　　2：摸一下

　　　　3：不触摸

（4）触摸狼面具的提示次数：同玩具蛇任务。

（5）拒绝程度：同玩具蛇任务。

（6）与母亲的接近程度：同玩具蛇任务。

（7）在母亲一臂之内的时间。

3.陌生小丑任务

趋近指标

（1）与主试的接近程度：同玩具蛇任务。

（2）活动性水平：同玩具蛇任务。

（3）积极情绪：同玩具蛇任务。

（4）消极情绪：同玩具蛇任务。

抑制指标

（1）第一次出声的延迟时间（不包括哭泣、消极言语）。

（2）触摸小丑的延迟时间。

（3）拒绝程度：同玩具蛇任务。

（4）与母亲的接近程度：同玩具蛇任务。

（5）在母亲一臂之内的时间。

4.玩具机器人任务

趋近指标

（1）与主试的接近程度：同玩具蛇任务。

（2）主动向主试发起言语交流的次数。

（3）活动性水平：同玩具蛇任务。

（4）积极情绪：同玩具蛇任务。

（5）消极情绪：同玩具蛇任务。

抑制指标

（1）第一次出声的延迟时间（不包括哭泣、消极言语）。

（2）触摸机器人/遥控器的延迟时间。

（3）玩机器人的提示次数：同玩具蛇任务。

（4）拒绝程度：同玩具蛇任务。

（5）与母亲的接近程度：同玩具蛇任务。

（6）在母亲一臂之内的时间。

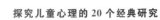

2.研究编码记录表(以玩具蛇任务为例)

趋近指标

时间段	与主试的接近程度	主动与主试交流	活动性水平	积极情绪	消极情绪
总计					

注:与主试的接近程度、积极情绪和消极情绪在总计中输入平均值;活动性水平、主动与主试交流次数在总计中输入求和值。

抑制指标

指标	触摸延迟时间	触摸位置	触摸程度	提示次数	意识到是蛇的反应	在母亲一臂之内的时间
记录						

综合计分

时间段	拒绝程度	与母亲的接近程度
总计		

注:拒绝程度、与母亲的接近程度在总计中输入平均值。

附录 15　社交能力研究资料

1.游戏类型介绍

A.社交性游戏

在对目标儿童的社交游戏进行编码时,重要的是要注意:(1)目标儿童与该区域其他儿童的接近度;(2)目标儿童对他/她的玩伴的关注度。

独自游戏

独自游戏指儿童在自由玩耍中几乎不与同伴进行互动而独自玩耍的行为。可从以下几个行为指标对独自游戏进行编码:

(1)儿童完全专注于自己的活动,不太注意或根本不注意区域内的其他儿童。

(2)儿童与其他儿童所玩的玩具不同。

(3)儿童在远离其他儿童的地方玩耍(大于 1 米)。

注意:(1)是关键,(2)和(3)只是辅助的行为指标。即当儿童将注意力全部都集中在所玩的玩具上而不关注其他儿童的行为时,即使不满足(2)和(3)所述的情况,也可认定为该名儿童在进行独自游戏。

平行游戏

平行游戏是指儿童位于其他儿童附近,且使用相似的玩具或相近的方式进行游戏。进行平行游戏的儿童不会试图去影响其他儿童,且彼此之间没有真正的互动或合作,但可能会出现平行言语[叙述其他儿童在做什么或者发生了什么,例如"哇,你在搭一个房子","(你的)房子倒了"]。可从以下几个行为指标对平行游戏进行编码:

当儿童一个人玩耍时(与独自游戏相区别):

(1)会注意到其他儿童的活动(10 秒的观察时间内,有 5 秒及以上关注其他儿童的行为或进行对话,同时自己也在玩耍,而非单纯的旁观或对话)。

(2)所玩的玩具或游戏方式与其他儿童相似。

注意:(1)是关键,(2)是辅助的行为指标。

当儿童与其他儿童一起玩耍时(与群体游戏相区别):

两名儿童之间没有共同目标,或是共同目标不明显。

举例:

①两名儿童一起搭积木,但其中一个儿童只是偶尔参与。

②两名儿童一起搭积木,但其中一个儿童会将另一名儿童刚搭上的积木拿下来重新建构(两名儿童没有商量好要建构什么东西)。

群体游戏

群体游戏是指两个及以上儿童在一起共同游戏或活动,且他们之间存在共同目标。

举例:

①互相追逐打闹(群体的功能性游戏)。

②有组织地建构城堡(群体的建构性游戏)。

③表演成人或群体的生活情境(群体的表演游戏)。

B. 认知性游戏

为了给游戏的认知水平编码,观察者必须首先判断儿童参与该游戏的意图或目的。

功能性游戏

功能性游戏仅仅是为了享受游戏所带来的身体感觉。一般来说,儿童进行简单的运动(带物体或不带物体进行重复运动)。

举例:

①活动身体,如蹦蹦跳跳。

②简单地玩积木、车子和玩偶,但没有在进行建构(主要针对积木)、探索、表演(主要针对车子、玩偶)或规则游戏。

建构性游戏

建构性游戏是指操纵某物体以达成构建或创造某些东西的目的。功能性游戏和建构性游戏之间的主要区别就是儿童在玩耍时的目的。例如,为了感官体验而敲打橡皮泥是功能性游戏;为了制作"煎饼"而敲打橡皮泥是建构性游戏。

另外,建构性可能表现为已经知道怎么做从而教另一个人怎么做某件事。例如,我们观察的儿童向另一个儿童展示怎么构建一定形状的积木。

举例:

①建造房子、城堡(可能是为了在接下来的表演中使用,但只要是在建造东西就算是建构游戏)。

②非转换的拆积木,即孩子拆积木是为了搭建新的东西(转换中的拆积木:拆完积木后就不再进行建构游戏)。

探索

探索是指为了解某物体的特定物理特征和视觉信息(之前并不知道)而对目标进行集中研究。儿童可能正在检查他手里的一个物体,或者正在看房间里的某个东西,或是正在听一个喧闹声或者倾听某物。

举例:

①儿童走到窗户、玻璃边,想要看外面的事物。

②儿童看着玩具,好奇地说:"这是什么东西?"

表演游戏

表演游戏是指任何"假装"游戏。儿童可能扮演一个其他人的角色,或者参与到假装游戏中(例如,假装把"水"倒入杯中并"喝掉"),也可能给无生命的物体赋予生命(例如,与一个玩偶谈话)。

举例:

①让玩偶坐在车上或积木上。

②拿着玩具，让玩具飞。

规则游戏

规则游戏是指儿童接受预先制定的规则，按照规则进行调整并在给定的限制内控制自己的行为和反应。游戏开始前儿童和/或他/她的玩伴可能已经确定了这些规则。被观察的儿童和其他儿童（或自己）之间存在竞争元素。举例说明，两个儿童轮流玩壁球不一定会涉及竞争规则，即使他们决定球掉了游戏就结束了。如果这些儿童在球掉之前对成功的撞球次数进行计数，并且尝试超过另一个儿童（或自己）之前的分数，那么这就是一个有规则的游戏。

其他游戏

其他游戏是指不属于上述 5 类的游戏行为。

C. 非游戏行为

无所事事的行为

无所事事是指儿童表现出明显的行为意图的缺乏，没有关注焦点。与认知游戏不同，无所事事的儿童并不会把注意力集中在自己正在做的事情上。

一般来说，无所事事的行为有两种类型：

(1)儿童无目标地盯着周围（发呆）。

(2)不带特定目的地随意走动，对所有正在进行的活动都只是略有兴趣。

旁观

旁观是指儿童观看但不加入活动。他/她也可能发表评论，或与其他儿童一起笑，但不参与实际活动。

转换

转换行为编码为儿童正在发起一个新活动或从一个活动切换到另一个。比如，穿过房间去观看某活动或喝水，发起游戏，为某活动收场，或寻找想要的物品。

对话

对话涉及口头传递信息给另一个人。平行对话和自言自语不属于这一类，因为两者没有交流的意图。对话指发生在儿童之间，不涉及儿童与成人的对话。只要满足以下一种行为指标即可编码为"对话"：

(1)儿童对其他儿童所说的话在 10 秒钟内进行积极倾听并予以言语或行动上的回应。

(2)两个及以上儿童之间一起笑，且存在眼神交流。

走出房间

儿童出于自己的意愿离开房间。

举例：

①儿童过于沮丧（哭）以致不能待在房间里或离开房间。

②为了打发时间（想找实验者说他/她感到无聊）而离开房间。

无法编码

无法编码是指在编码过程中观察者无法观察到儿童的活动状态的情况。发生以下情况之一时,编码为"无法编码":

(1)观察者无法看到儿童正在做什么(例如,儿童在一段时间内离开了镜头或灯被关掉了)。

(2)儿童由于不受他/她意愿控制的事件离开房间(例如,他/她得去卫生间)。

(3)实验者或成人在自由活动期间进入了游戏室。

无法编码行为不能与任何其他编码类别一起编码(即不能进行多重编码)。

这类无法编码行为被提出来仅为了指定游戏行为中不能被观察到的时间段,因此不能被编码。

2.游戏观察编码规则

(1)观察者应该在开始记录行为之前先观察目标儿童 30 秒钟,以便熟悉儿童相关行为的情境线索。

(2)以 10 秒钟为间隔观察目标儿童,对该时间间隔内观察到的显著行为进行编码,并在编码表相应的栏目中做记录(标记为 1)。至少编码 15 分钟的 POS 数据。

(3)如果在编码过程中,对 10 秒内儿童的行为不太确定,可以根据下一个 10 秒内儿童的行为进行编码。例如,不能确定上一个 10 秒内儿童的行为是否属于旁观时,当下一个 10 秒内儿童有明确的旁观行为,可将上一个 10 秒内儿童的行为编码为"旁观"。

(4)主导行为的选择

在每个 10 秒的间隔内,只编码一个行为。如果在 10 秒间隔内出现多种行为,则对发生时间最长的行为进行编码。

如果行为时长相等,或对行为对应的游戏类型模棱两可,则向上编码(code up)(如,将行为编码为最成熟的社交和/或认知类别)。

"向上编码"的层级如下:

①群体行为

(群体游戏＞群体表演性游戏＞群体建构性游戏＞群体探索性游戏＞群体功能性游戏＞群体性其他游戏)。

②对话

③平行游戏——在平行游戏中使用与第 1 条相同的认知层次结构(例如,表演性＞建构性)。

④独自游戏——在独自游戏中使用与第 1 条同样的认知层次结构(例如,表演性＞建构性)。

⑤旁观

⑥无所事事

⑦转换

3. 研究数据记录表(以 1 分钟为例)

时间段		非游戏				独自游戏						平行游戏						群体游戏						备注
		无法编码	转换	无所事事	旁观	功能	探索	建构	表演	规则	其他	功能	探索	建构	表演	规则	其他	功能	探索	建构	表演	规则	对话	
0:00:10	1																							
0:00:20	2																							
0:00:30	3																							
0:00:40	4																							
0:00:50	5																							
0:01:00	6																							
汇总																								

185

附录 16　同伴关系研究资料

研究数据记录表

姓名	最喜欢儿童的学号/姓名	最不喜欢儿童的学号/姓名

注:以班级为单位记录。

附录 17　助人行为研究资料

研究数据记录表

阶段	儿童是否看主试	儿童帮助主试的潜伏期	儿童帮助主试的持续时间	儿童其他行为	备注
1					
2					

附录 18　分配行为研究资料

研究数据记录表

姓名	资源数量	分配给他人的数目	类型	备注
	2			
	6			
	4			

注：类型为①平等；②利他；③利己。

附录 19 道德判断研究资料

研究数据记录表

姓名	故事	判断	归因	备注
	鸡蛋故事			
	手帕故事			
	撒谎故事			

计分规则:每位儿童听 3 个故事,儿童对每个故事的回答分别记录。

判断计分:选择意图更坏的小朋友(豆豆、亮亮、京京),计 1 分;选择行为结果更坏的小朋友(明明、容容、佳佳),计 2 分;说两个都坏,计 3 分;不知道计 4 分。

归因计分:根据意图归因,例如"明明想帮妈妈""京京想让妈妈开心所以撒谎""佳佳很害怕",计 1 分;根据结果归因,例如"明明打碎的鸡蛋更多""容容帮助了别人""亮亮拿走了别人的东西""京京的玩具很好玩""京京撒谎",计 2 分;其他归因,计 3 分。